DEUTSCHE AKADEMIE DER WISSENSCHAFTEN ZU BERLIN

Veröffentlichungen der Sternwarte Babelsberg

Band XIV, Heft 6

HANS OLEAK

GASDYNAMISCHE VORGÄNGE IM FEUERKUGELSTADIUM DER METEORE

Mit 20 Abbildungen

AKADEMIE-VERLAG · BERLIN

1964

Erschienen im Akademie-Verlag GmbH, Berlin W 8, Leipziger Straße 3—4

Lizenznummer: 202 · 100/466/64
Gesamtherstellung: VEB Druckerei „Thomas Müntzer" Bad Langensalza
Bestellnummer: 2077/13 · ES 18 D 3 · Preis: DM 9,—

I n h a l t

Zusammenfassung

Für einen kugelförmigen Meteorkörper in der Erdatmosphäre werden im ersten Teil der Arbeit die wichtigsten Erscheinungen behandelt, die bei Überschallströmung eines gasförmigen Kontinuums um den Körper auftreten. Insbesondere werden die Zustandsänderungen im Verdichtungsstoß, wie Enthalpieänderung, Druck- und Dichteverhältnis, berechnet. Aus der Druckverteilung am Körper wird der aerodynamische Widerstandsbeiwert ermittelt. Um aus dem Enthalpieanstieg die Temperatur in der Kompressionszone berechnen zu können, wird unter Berücksichtigung der Dissoziations- und Ionisationsarbeit eine Enthalpie-Temperatur-Beziehung abgeleitet, die den Geschwindigkeits- und Höhenbereich der Meteorerscheinung im Feuerkugelstadium überdeckt. Diese Beziehung zeigt, daß besonders durch die Dissoziationsenergie die Stautemperatur gegenüber den bisher angenommenen Werten erheblich gesenkt wird. Aus der Enthalpie-Temperatur-Beziehung wird die Temperaturverteilung um den Meteorkörper für einige Geschwindigkeiten und Höhen in der Atmosphäre ermittelt. Die Ergebnisse zeigen, daß große Temperaturgradienten längs der Oberfläche auftreten. Ein thermisches Gleichgewicht in der Kompressionskappe als Ganzes kann nicht erwartet werden. Um beurteilen zu können, unter welchen Bedingungen bei Meteoren mit der in der Gasdynamik üblichen Voraussetzung einer Kontinuumsströmung zu rechnen ist, werden Kriterien abgeleitet, die es erlauben, die Eigenschaften der Strömung um den Meteorkörper anzugeben. Diese Kriterien zeigen, daß die Kontinuumsströmung in einer viel größeren Höhe einsetzt als bisher angenommen.

Im zweiten Teil der Arbeit werden die gewonnenen Ergebnisse benutzt, um das Verhalten eines hellen Meteors, für das genaue Beobachtungen vorliegen, zu deuten. Aus dem Geschwindigkeitsverlauf werden die Masse, der Masseverlust und die Verdampfungszahl bestimmt. Längs der Bahn in der Atmosphäre wird ferner die Stautemperatur ermittelt. Sie zeigt wegen der Druckabhängigkeit der Ionisierung trotz abnehmender Geschwindigkeit ein Ansteigen um rund 3000° auf 62000° im Maximum der Helligkeit. Damit kann das Verhalten der Linienstärken ionisierter und neutraler Elemente gedeutet werden. Darüber hinaus wird auch das beobachtete Intensitätsverhältnis der einfach ionisierten und neutralen Linien eines Elementes mit Hilfe der Saha-Gleichung quantitativ erklärt. Aus den Linienstärken verschiedener Elemente wird das Häufigkeitsverhältnis der Elemente abgeschätzt. Mit der Annahme, daß die Zahl der am Leuchtprozeß beteiligten Atome proportional dem Staudruck und dem Radius des Meteorkörpers ist, wird der beobachtete Verlauf der integralen Helligkeit des Meteors längs der Bahn aus den berechneten Linienstärken theoretisch erklärt.

Einführung

Die Meteorerscheinung resultiert bekanntlich aus der Wechselwirkung zwischen dem festen Meteorkörper und der Atmosphäre. Die Theorien, die diesen Vorgang zu beschreiben versuchen, gehen gegenwärtig zum größten Teil davon aus, daß die Atome bzw. Moleküle der Luft in der dünnen Erdatmosphäre unmittelbar mit der Körperoberfläche reagieren und Impuls und kinetische Energie übertragen. Es ist jedoch bekannt, daß man nicht mit einem einzigen Wechselwirkungsmechanismus der Luftteilchen mit dem Meteorkörper rechnen kann, weil sowohl die Größe des meteoritischen Körpers als auch die Luftdichte einen weiten Wertebereich umfassen können. Während in großen Höhen (wo die Abmessungen des Körpers klein gegen die mittlere freie Weglänge der Luftmoleküle angenommen werden können) noch jedes Luftpartikel unmittelbar mit der Oberfläche des Meteorkörpers reagiert, werden die Verhältnisse bei größeren Luftdichten komplizierter; vor dem Körper bildet sich dann eine Zone komprimierter Luft aus (s. z.B. HOFFMEISTER 1939 [1]). Es ist heute üblich, den ersten Mechanismus mit "Sternschnuppenstadium" und den zweiten mit "Feuerkugelstadium" zu bezeichnen. Auf diesen zweiten Mechanismus treffen die Gesetze der Aerodynamik oder speziell der Gasdynamik zu.

Die bisherigen Ansätze zur Behandlung des Feuerkugelstadiums[x)] mußten teilweise unbefriedigend sein, weil erst in den letzten Jahren große experimentelle und theoretische Fortschritte in der Gasdynamik bei hohen Machzahlen erzielt wurden (vgl. die Monographie "Hypersonic Flow Theory" von HAYES und PROBSTEIN [6]).

Im Folgenden soll deshalb erneut versucht werden, die Eigenschaften der Strömung bei Meteoren im Überschallgebiet und die durch den Verdichtungsstoß in der Luft hervorgerufenen Zustandsänderungen von Dichte, Druck und Temperatur näher zu untersuchen.

---

x) Zu erwähnen wären hier vor allem die Arbeiten von EPSTEIN [2], STERNE [3] und THOMAS [4]. Erst nach Abschluß der vorliegenden Untersuchung erreichte uns die Arbeit von ALLEN und YOSHIKAWA [5].

Dabei werden wir durchweg kugelförmige Meteorkörper voraussetzen oder solche, die eine halbkugelförmige Stirnfläche besitzen. In der Natur dürfte dieser Idealfall nur angenähert zutreffen; doch werden im allgemeinen die Abweichungen, die durch die unregelmäßige Gestalt bedingt sind, zu vernachlässigen sein, da die stärkste Wechselwirkung der Luftströmung mit dem Meteorkörper im Staupunkt auftritt.

Die benutzten Bezeichnungen sind am Schluß (Seite 66) zusammengestellt. Sie werden nur jeweils dort erläutert, wo sie zum erstenmal auftreten. Hier sei nur bemerkt, daß die Indizes ∞, s und b die Zustände entsprechend in der ungestörten Atmosphäre, in der Stoßfront und auf der Körperoberfläche charakterisieren (z.B. bedeuten T_∞, T_s, T_b die Temperatur der Luft an den angeführten Stellen).

Für die Zustandsgrößen der Atmosphäre wurden die von ALLEN [7] angegebenen Daten benutzt. Da im wesentlichen nur die Größen bis 100 km Höhe interessieren, kann die Zusammensetzung der Atmosphäre als gleichbleibend angenommen werden, obwohl die Dissoziation des Sauerstoffs bereits in 30 km Höhe einsetzt. Aber erst in 100 km Höhe übersteigt die Zahl der dissoziierten Sauerstoffatome die Zahl der Moleküle; unterhalb dieses Bereiches können die Atome gegenüber den Molekülen vernachlässigt werden. Das Verhältnis von Stickstoff zu Sauerstoff bleibt konstant. Wir setzen deshalb eine einheitliche Zusammensetzung der Luft von 79 % Stickstoff und 21 % Sauerstoff voraus und vernachlässigen dabei die anderen Bestandteile der Atmosphäre. Diese Zahlen geben den mengenmäßigen Anteil der beiden Komponenten. Für die spezifische Wärme bei konstantem Druck c_p und für das Verhältnis $\varkappa = c_p/c_v$ (c_v = spezifische Wärme bei konstantem Volumen) können im ganzen Höhenbereich praktisch die Werte für ein zweiatomiges Gas benutzt werden (s. Tab. I). Nur bei einigen notwendigen Extrapolationen über die Höhe von 100 km hinaus kann sich der Einfluß des veränderlichen Molekulargewichts μ_∞ etwas bemerkbar machen. Er erweist sich aber als so geringfügig, daß er die Ergebnisse nur unwesentlich verändern kann.

Zur weiteren Vereinfachung kann außerdem mit einer mittleren Temperatur und einer mittleren Schallgeschwindigkeit a_∞ gerechnet werden. Die entsprechenden Größen sind in Tabelle I enthalten. Die Schwankungen der wirklichen Werte um diese Mittelwerte sind nicht groß.

Tabelle I

c_{p_∞}	0.240 cal (g grad)$^{-1}$
c_{v_∞}	0.172 cal (g grad)$^{-1}$
$\varkappa_\infty$	1.40
μ_∞	28.8
T_∞	250° K
a_∞	$3.00 \cdot 10^4$ cm/s

Teil 1

I. Überschallströmung um eine Kugel

1. Das Strömungsbild

Wir betrachten den Meteorkörper als ruhend und lassen die Atmosphäre am Körper vorbeiströmen. Diese Darstellungsweise bedeutet keine Einschränkung, sondern erleichtert nur die Behandlung des Problems. In der Abbildung 1 sind die wichtigsten Merkmale einer Überschallströmung um eine Kugel dargestellt. Das

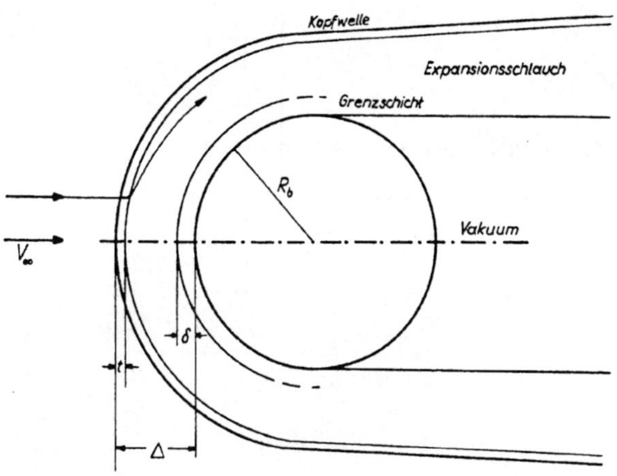

Strömungsbild ist rotationssymmetrisch um die Mittellinie, die durch die Richtung der Strömungsgeschwindigkeit festgelegt ist und durch den Mittelpunkt der Kugel geht. Stromaufwärts vor dem Körper ist die Strömung völlig ungestört. Die Eigenschaften des strömenden Gases können dort durch die Zustandsgrößen ϱ_∞, p_∞ und T_∞ der ruhenden Atmosphäre und durch die Geschwindigkeit V_∞ beschrieben werden. Am Körper wird die Luft gestaut und erfährt eine Steigerung des Druckes und der Dichte. Diese Druck- bzw. Dichteerhöhung erfolgt zunächst sprunghaft in Form eines Verdichtungsstoßes in der sogenannten K o p f w e l l e, die den Körper vorn eng umschließt. Hinter dem Körper entwickelt sich durch die Expansion der heißen Gase und Dämpfe eine zylindrische Stoßwelle (DOBROWOLSKY [8]).[x)]

[x)] Die von HALLIDAY [9] in einem Meteorspektrum beobachtete Linienaufspaltung ist offensichtlich auf eine solche expandierende Stoßwelle zurückzuführen.

Die Breite t der Kopfwelle wird innerhalb der Kontinuitätsmechanik völlig vernachlässigt, da sie nur von der Größenordnung der mittleren freien Weglänge oder noch kleiner ist [10]. Wir werden jedoch später sehen, daß bei Feuerkugeln in der Atmosphäre die Tiefe der Stoßfront nicht immer unberücksichtigt bleiben kann. Hinter der Kopfwelle ist besonders im Stirnpunkt das Gas stark komprimiert. Es strömt in der Nähe des Staupunktes mit Unterschallgeschwindigkeit, erreicht aber wieder die Schallgeschwindigkeit in einem gewissen Abstand vom Stirnpunkt längs der Körperoberfläche. In der Strömungsschicht hinter der Kopfwelle nehmen die thermodynamischen Zustandsgrößen extreme Werte an. Bei großen Geschwindigkeiten erreicht besonders die Temperatur so hohe Beträge, daß ein starker Wärmefluß vom Gas zum Körper auftreten muß. Die direkte Wechselwirkung zwischen dem strömenden Medium und der Körperoberfläche vollzieht sich aber erst in der P r a n d t l s c h e n G r e n z s c h i c h t , die unmittelbar der Körperoberfläche anliegt. Beim Zustandekommen der besonderen Strömungsverhältnisse in der Grenzschicht spielt die Viskosität des Mediums eine maßgebende Rolle, während im Strömungsfeld vor der Grenzschicht die Reibungskräfte im allgemeinen gegenüber den Trägheitskräften vernachlässigt werden können. Wir bezeichnen die Strömungsschicht zwischen Kopfwelle und Körperoberfläche mit K o m p r e s s i o n s k a p p e . Diese umfaßt also sowohl die "reibungsfreie" Schicht als auch die Grenzschicht. Es wird sich erweisen, daß im Feuerkugelstadium die strenge Trennung der einzelnen Schichten nicht immer vorhanden ist.

Der Abstand Δ der Kopfwelle vom Körper ist eine Funktion der Machzahl M_∞. Bei kleiner Geschwindigkeit ist Δ groß; bei größer werdender Geschwindigkeit nähert sich der Verdichtungsstoß dem Körper. Für $M_\infty \gg 1$ erreicht Δ einen Grenzwert, der durch die maximal mögliche Dichtekompression im Stoß bestimmt ist.

Der genaue Verlauf der Kopfwelle um den Körper hängt von der Form des Körpers, von den Eigenschaften der Strömung in der Kompressionskappe und vom Aufbau der Grenzschicht ab. Wegen der wechselseitigen Beeinflussung dieser Größen ist eine quantitative Beschreibung des Strömungsablaufs um den Körper sehr schwierig. Erst in den letzten Jahren sind Ansätze und Verfahren gefunden worden, um die Strömungsverhältnisse befriedigend darstellen und mit Experimenten bei hohen Geschwindigkeiten vergleichen zu können [6]. Die bisherigen Ergebnisse zeigen, daß die Kompressionskappe im Verhältnis zur Körperdimension sehr dünn ist und daß die Kopfwelle über ein großes Gebiet genähert parallel zur Körperoberfläche liegt.

Wegen der starken Kompression der Luft im vorderen Teil der Kompressionskappe befindet sich bei sehr hohen Geschwindigkeiten hinter dem Körper nahezu ein Vakuum. Das Gas strömt nur im sogenannten Expansionsschlauch nach hinten ab und füllt erst in größerer Entfernung das Vakuum wieder an. (Abgeschmolzene Tröpfchen des Meteoritenmaterials, die im Expansionsschlauch mitgeführt werden, erzeugen die am Tageshimmel beobachteten Rauchspuren [11].)

Der Sitz der beobachteten Lichtemission ist die aufgeheizte Kompressionskappe vor der Stirnfläche. Der Masseverlust des Meteorkörpers hängt ab vom Wärmefluß in der Grenzschicht. Kopfwelle, Kompressionskappe und Grenzschicht sind daher Strömungsgebiete, die maßgebend zum beobachteten Meteorphänomen beitragen. Wir wollen daher die Zustandsänderungen in der Kopfwelle untersuchen und die Aufheizung der Kompressionskappe berechnen.

Die folgenden Ableitungen beziehen sich auf ein Koordinatensystem, dessen Orientierung und Benennung aus Abbildung 2 hervorgehen. Der Winkel σ charakterisiert die Neigung der Kopfwelle. Im Mittelpunkt der Kugel befindet sich der Ursprung eines Kugelkoordinatensystems, von dem nur der Polarwinkel ϑ und der Radius R interessieren. Da die Kopfwelle die vordere Halb-

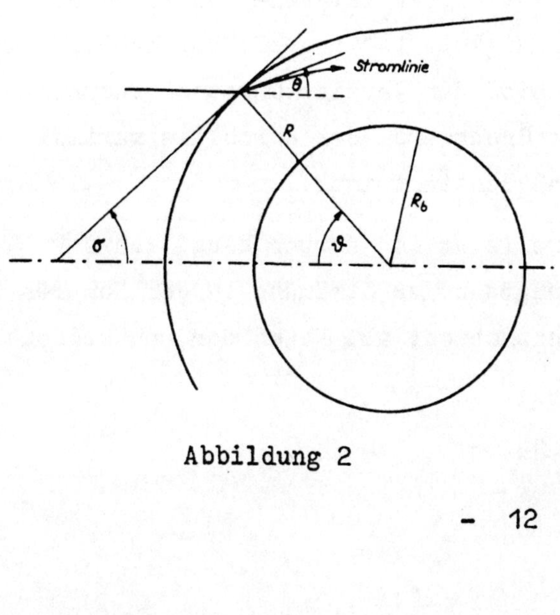

Abbildung 2

kugel nahezu konzentrisch umgibt, ist in sehr guter Näherung:

$$\vartheta = 90^\circ - \sigma \qquad (\text{für } \vartheta < 90^\circ)$$

2. Zustandsänderungen im Verdichtungsstoß

Zur Berechnung der unstetigen Änderungen in der Stoßfront gehen wir von den Erhaltungssätzen über Masse, Impuls und Energie aus. Sie beschreiben jede stationäre Strömung (s. z.B. [12]). Für die Geschwindigkeit und ihre Komponenten gelten dann beim schiefen Stoß die folgenden Gleichungen (s. auch Abb. 3):

Kontinuitätsgleichung: $$\varrho_\infty v_\infty = \varrho_s v_s \qquad (1a)$$

Impulsgleichung: $$\begin{cases} p_\infty + \varrho_\infty v_\infty^2 = p_s + \varrho_s v_s^2 \\ (\varrho v u)_\infty = (\varrho v u)_s \end{cases} \qquad (1b)$$

Energiegleichung: $$\frac{1}{2} V_\infty^2 + h_\infty = \frac{1}{2} V_s^2 + h_s \qquad (1c)$$

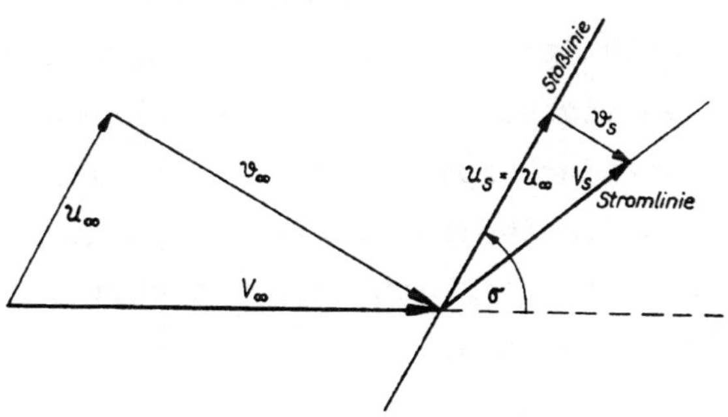

Abbildung 3

Hier bedeuten V die Gesamtgeschwindigkeit, v ihre Komponente senkrecht und u ihre Komponente parallel zur Stoßfront, ϱ und p Dichte und Druck, h die Enthalpie. Die letzte Gleichung bezieht sich auf die Masseneinheit.

Zusammen mit der Zustandsgleichung für ideale Gase

$$p = \frac{\varrho}{\mu} \mathfrak{R} T \qquad (2)$$

beschreibt das Gleichungssystem bei bekannter Enthalpie-Temperatur-Beziehung h = f(T) vollständig den Strömungsvorgang, wenn man geeignete Anfangsbedingungen vorgibt.

Explizite Lösungen für die Zustände nach dem Stoß erhält man nur, wenn man für das Gas konstante spezifische Wärme voraussetzt. Dann ist die Enthalpie proportional der Temperatur und kann mit Hilfe der Zustandsgleichung eliminiert werden. Die Größen $\frac{\varrho_s}{\varrho_\infty}$ bzw. $\frac{v_s}{v_\infty}$, $\frac{p_s}{p_\infty}$, $\frac{T_s}{T_\infty}$ sind elementare Funktionen der "senkrechten" Machzahl $M \sin\sigma$ und des Verhältnisses der spezifischen Wärmen $\varkappa$. Insbesondere ist die im Staupunkt ($\sin\sigma = 1$) auftretende Ruhetemperatur T_0 bei vollständiger Abbremsung des Gases:

$$\frac{T_0}{T_\infty} = 1 + \frac{\varkappa_\infty - 1}{2} M_\infty^2 \tag{3}$$

Tabelle II enthält einige Werte, die nach dieser Beziehung berechnet wurden ($T_\infty = 250^\circ$, $\varkappa_\infty = 1.40$).

Tabelle II

M_∞	V_∞ [km/s]	T_0 [°K]
5	1.5	$1.5 \cdot 10^3$
10	3	$5.2 \cdot 10^3$
50	15	$1.2 \cdot 10^5$
100	30	$5.0 \cdot 10^5$
200	60	$2.0 \cdot 10^6$

Sobald Dissoziation der Luft eintritt (etwa ab 2000°), verliert jedoch die Beziehung (3) wegen der nichtlinearen Abhängigkeit der Enthalpie von der Temperatur ihre Gültigkeit. Die energieverbrauchenden Prozesse der Dissoziation und Ionisation verhindern, daß die Temperatur zu stark anwächst. Wir müssen deshalb zunächst unmittelbar von der Enthalpiebeziehung (1c) ausgehen.

a) <u>Enthalpieänderung</u>

Um die Aufheizung in der Kompressionskappe berechnen zu können, muß der Enthalpieanstieg durch den Stoß bekannt sein.

Bei einer vollständigen Aufstauung des Gases wird die gesamte Bewegungsenergie zur Erhöhung der inneren Energie verbraucht. Nach Gleichung (1c) ist in diesem Fall ($V_s = 0$) die "Ruheenthalpie":

$$h_0 = \frac{1}{2} V_\infty^2 + h_\infty \tag{4}$$

Diese Aussage ist unabhängig davon, ob vor der Aufstauung ein Verdichtungsstoß stattfand oder nicht. Der strenge Anwendungsbereich der Formel (4) beschränkt sich jedoch nur auf den Staupunkt, wo das Gas zur Ruhe kommt. In der Kompressionskappe ist aber im allgemeinen hinter der Stoßfront $V_s \neq 0$. Für diesen Fall erhalten wir aus Gl.(1c)

$$h_s - h_\infty = \frac{1}{2} V_\infty^2 \sin^2\sigma \, (1 - \varepsilon^2) \tag{5}$$

Diese Beziehung folgt aus Gl.(1c), wenn man für V_s und V_∞ zunächst die Geschwindigkeitskomponenten einführt und nach Gl.(1a) das Verhältnis der senkrechten Geschwindigkeitskomponente durch das Dichteverhältnis

$$\varepsilon = \frac{\varrho_\infty}{\varrho_s}$$

ersetzt. Wird die senkrechte Geschwindigkeitskomponente v_s (z.B. an der Grenzschicht) vollständig aufgestaut ($v_s = 0$), so erhält man die sogenannte "Ruheenthalpie der teilweisen Aufstauung":

$$h_{on} = h_\infty + \frac{1}{2} V_\infty^2 \sin^2\sigma = h_o - \frac{1}{2} V_\infty^2 \cos^2\sigma \tag{6}$$

Nach Gl.(5) hängt die Enthalpie in der Kompressionskappe außer von der Geschwindigkeit und der Geometrie noch vom Dichtesprung ab. Dieser ist eine Funktion der Geschwindigkeit und der Eigenschaften des Gases (s. Kapitel 2 c) und für hohe Überschallgeschwindigkeiten klein, so daß ε^2 gegenüber 1 vernachlässigt werden kann. Führen wir an Stelle von σ den Polarwinkel ϑ ein, so erhalten wir aus Gl.(5) die sehr gute Näherung

$$h_s = h_\infty + \frac{1}{2} V_\infty^2 \cos^2\vartheta \tag{7}$$

Tabelle III enthält für einige Geschwindigkeiten die nach dieser Gleichung berechnete Enthalpie ($h_\infty = 1.69 \cdot 10^2$ cal/g für $T_\infty = 250^o$). Vergleicht man Gl.(6) mit Gl.(7), so sieht man, daß die angegebenen Werte nicht nur unmittelbar für die Stoßfront gelten, sondern auch innerhalb der Kompressionskappe, solange die Stromlinien konzentrisch den Körper umgeben und bereits an der Stoßfront genähert $v_s = 0$ gesetzt werden kann. Diese letzte Bedingung ist aber bereits in der Voraussetzung $\varepsilon \ll 1$ enthalten.

Tabelle III

Enthalpie h_s [cal/g] in der Kompressionskappe

V_∞ \ ϑ	0°	40°	60°	80°
5 km/s	3.0^3	2.0^3	9.2^2	2.6^2
10	1.2^4	7.2^3	3.2^3	5.3^2
20	4.8^4	2.9^4	1.4^4	1.6^3
30	1.1^5	6.4^4	2.7^4	3.4^3
60	4.3^5	2.5^5	1.1^5	1.3^4

Die Zahlendarstellung a^b bedeutet $a \cdot 10^b$

b) Das Druckverhältnis

Durch den Verdichtungsstoß erhöht sich der statische Druck in der Strömung. Der Widerstand, den ein Körper bei Überschallgeschwindigkeit erfährt, wird durch die Druckverteilung am Körper bestimmt (W e l l e n w i d e r s t a n d). Die Reibungskräfte in der Grenzschicht sind bei Überschallgeschwindigkeit unbedeutend. Zur Berechnung des Widerstandes benötigen wir daher die Druckverteilung am Körper. Wir ermitteln zunächst den Druck hinter der Stoßfront und im Staupunkt. Im Abschnitt 3 werden wir dann den Druckverlauf am Körper angeben.

Aus der ersten der beiden Gleichungen (1b) erhalten wir nach einigen Umformungen

$$\frac{p_s}{p_\infty} = 1 + \varkappa_\infty M_\infty^2 \sin^2\sigma \, (1 - \varepsilon) \qquad (8)$$

Die Schallgeschwindigkeit a_∞ wurde hier nach der Beziehung

$$a^2 = \varkappa \frac{p}{\varrho}$$

eingeführt. (Es muß beachtet werden, daß $\varkappa_\infty$ für den Zustand des Gases vor dem Stoß gilt und daher als konstante Größe angesehen werden kann.)

In der Kompressionskappe erreicht der Druck seinen höchsten Wert im Stirnpunkt, wo die Strömung aufgestaut wird. Der Staudruck läßt sich aus dem statischen Druck p_s bestimmen, wenn man berücksichtigt, daß die Abbremsung des Gases nach dem Stoß verlustlos - isentrop - erfolgt. (Tatsächlich wird diese Bedingung nicht exakt erfüllt sein, da bei den zu erwartenden Temperaturen in der Kompressionskappe ein Teil der Energie abgestrahlt wird. Dieser Energieverlust kann erst dann berücksichtigt werden, wenn die Energietransportmechanismen in der Kompressionskappe eingehend untersucht sind. Eine allerdings grobe Abschätzung hat gezeigt, daß die folgenden Ergebnisse durch die Berücksichtigung der Energieabstrahlung wahrscheinlich nur unmerklich beeinflußt würden.) Die Bedingung der Adiabasie folgt aus dem ersten Hauptsatz der Thermodynamik:

$$0 = dh - \frac{dp}{\varrho} \qquad \text{oder} \qquad h_o - h_s = \int_{p_s}^{p_o} \frac{dp}{\varrho} \tag{9}$$

Gleichzeitig liefert die Energiegleichung (4) für diesen Fall:

$$h_o - h_s = \frac{1}{2} v_s^2 \tag{10}$$

Mit Hilfe der Adiabatengleichung für ideale Gase

$$\frac{p}{p_s} = \left(\frac{\varrho}{\varrho_s}\right)^{\varkappa_s} \tag{11}$$

läßt sich das Integral in Gl.(9) auswerten. Für $\varkappa_s$ ist ein geeigneter Mittelwert für das ionisierte Gasgemisch in der Kompressionskappe zu wählen. Die Gl. (9) und (10) ergeben dann:

$$\frac{1}{2} v_s^2 = \frac{p_s}{\varrho_s} \cdot \frac{\varkappa_s}{\varkappa_s - 1} \left[\left(\frac{p_o}{p_s}\right)^{\frac{\varkappa_s - 1}{\varkappa_s}} - 1\right]$$

Führen wir hier noch den statischen Druck der ungestörten Strömung p_∞ nach Gl.(8) ein und berücksichtigen wir Gl.(1a), so erhalten wir nach einigen Zwischenrechnungen endgültig:

$$\frac{p_o}{p_\infty} = \frac{\left[1 + \varkappa_\infty M_\infty^2 \left(1 - \frac{\varepsilon}{2} - \frac{\varepsilon}{2\varkappa_s}\right)\right]^{\frac{\varkappa_s}{\varkappa_s - 1}}}{\left[1 + \varkappa_\infty M_\infty^2 (1 - \varepsilon)\right]^{\frac{1}{\varkappa_s - 1}}} \qquad (12)$$

Wir können diese etwas unhandliche Beziehung für unsere Zwecke stark vereinfachen, da bei hohen Machzahlen ε sehr klein ist. Dann ergibt Gl.(12):

$$\frac{p_o}{p_\infty} = 1 + \varkappa_\infty M_\infty^2 \qquad (13)$$

Der Staudruck ist dann genau so groß wie der statische Druck unmittelbar nach der Stoßfront. Dies ist auch anschaulich verständlich: Bei sehr hohen Fluggeschwindigkeiten sinkt die Strömungsgeschwindigkeit nach dem Verdichtungsstoß sehr weit unter die Schallgeschwindigkeit. Die adiabatische Abbremsung auf die Geschwindigkeit Null bringt keinen nennenswerten Gewinn für den Druck.

Weiterhin ist bereits bei $V_\infty = 5$ km/s die Machzahl $M_\infty > 10$ und daher $\varkappa_\infty M_\infty^2 \gg 1$. Dies vereinfacht die Beziehung (13) noch weiter:

$$p_o = \varrho_\infty V_\infty^2 \qquad (14)$$

c) Das Dichteverhältnis

Wie wir in Kap.III sehen werden, kommt dem Dichteverhältnis $\varepsilon = \frac{\varrho_\infty}{\varrho_s}$ eine maßgebende Rolle bei der Beurteilung der möglichen Strömungszustände um den Meteorkörper zu. Es bestimmt darüber hinaus natürlich mit der Temperatur und dem Druck den thermodynamischen Zustand in der Kompressionskappe, was besonders im Hinblick auf die Verdampfungs- und Schmelzprozesse wichtig ist.

Die Dichtekompression kann bekanntlich für ein dissoziiertes und ionisiertes Gas bei starken Stößen größer sein, als sich ohne

Berücksichtigung der Dissoziations- und Ionisationsarbeit ergeben würde. Aus einer von HAYES und PROBSTEIN [6] angegebenen Beziehung für ε (e = innere Energie)

$$\varepsilon = \frac{p_s/\varrho_s}{(h_s + e_s) - (h_\infty + e_\infty) + p_\infty/\varrho_s} \tag{15}$$

läßt sich die Dichtekompression mit Hilfe der Enthalpie-Temperatur-Beziehung (s. Kap. I,4) ausreichend genau berechnen. Aus Gl. (15) folgt nämlich zunächst, daß ε bei starken Stößen gegen einen Grenzwert

$$\varepsilon_{lim} = \frac{p_s/\varrho_s}{h_s + e_s} \tag{16}$$

strebt. Mit Hilfe der Zustandsgleichung (2) gewinnt man daraus die Beziehung:

$$\frac{1}{\varepsilon_{lim}} = 2\,\frac{\mu_s h_s}{\mathfrak{R} T_s} - 1 \tag{17}$$

Die Abweichung des wahren Wertes ε von diesem Grenzwert beträgt bei V_∞ = 3 km/s höchstens 6 % und ist bei V_∞ = 15 km/s kleiner als 1 %.

Da der Dissoziations- bzw. Ionisationsgrad vom Druck abhängt, ist der aus Gl.(17) berechnete Wert von ε_{lim} ebenfalls druckabhängig. Man erhält eine Kurvenschar, die den Zusammenhang zwischen Temperatur und ε_{lim} für verschiedene Werte des Druckes in der Kompressionszone wiedergibt (Abb.4; gestrichelte Teilstücke bei drei Kurven stellen Interpolationen gemäß Abb.8 dar). Es ist ersichtlich, daß ε_{lim} besonders beim Dissoziationsprozeß (bis etwa 10 000 °K) unter 0.05 sinken kann und dann nur sehr langsam dem Grenzwert 1/4 zustrebt, der sich bei einatomigen Gasen konstanter spezifischer Wärme einstellt.

Um eine Beziehung zwischen der Geschwindigkeit und ε zu erhalten, wurde nach Gl.(7) für $\cos\vartheta = 1$ dem Enthalpiewert h_s der entsprechende Geschwindigkeitswert zugeordnet und aus der Enthalpie-Temperatur-Beziehung die zugehörige Temperatur ermittelt.

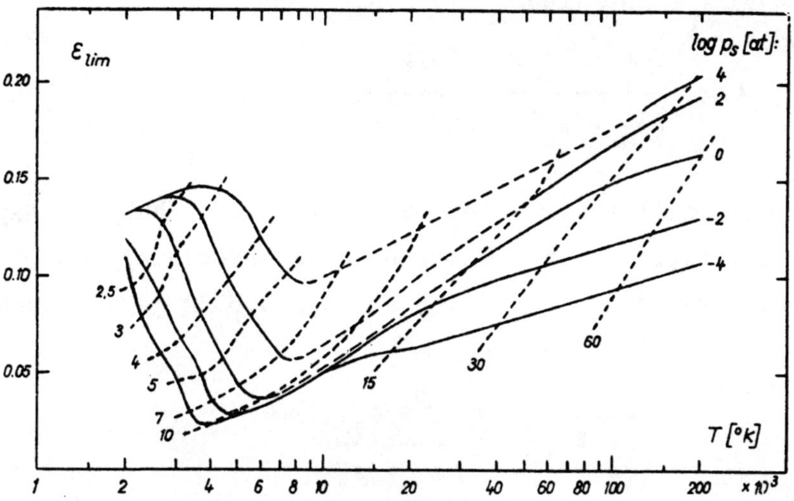

Abbildung 4

In Abbildung 4 sind die Kurven gleicher Geschwindigkeit gleichfalls eingetragen. (Die Zahlen am unteren Ende der gestrichelten Kurvenstücke geben die Geschwindigkeit in Kilometern pro Sekunde wieder.) In Abbildung 5 ist der Zusammenhang zwischen ε_{lim} und der Geschwindigkeit dargestellt. (Auch hier sind die gestrichelten Teile Interpolationen nach Abb. 8 bzw. Extrapolationen aus Abb. 4.)

Bei kleinen Machzahlen, vor dem Einsetzen der Dissoziation, kann die Veränderlichkeit von $\varkappa$ über die

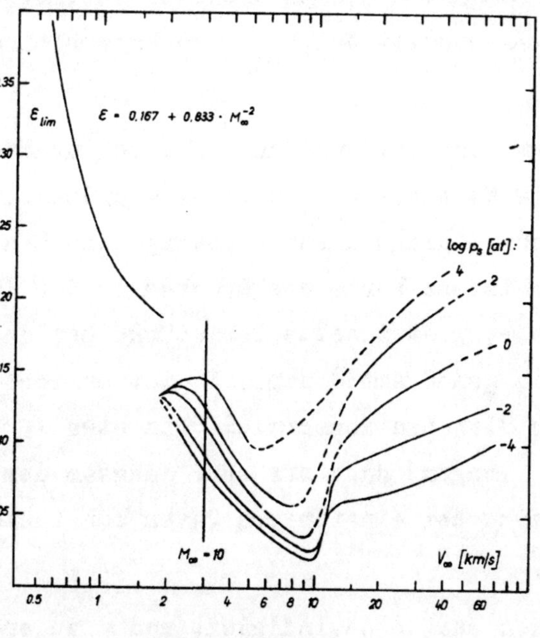

Abbildung 5

Stoßfront hinweg vernachlässigt werden. Dann gibt Gl.(15) explizit

$$\varepsilon = \frac{\varkappa - 1}{\varkappa + 1} + \frac{2}{\varkappa + 1}\left(M_{\infty} \sin\sigma\right)^{-2} \qquad \text{oder}$$

$$\varepsilon = 0.167 + 0.833\left(M_{\infty} \sin\sigma\right)^{-2} \qquad (\text{für } \varkappa = 1.40) \tag{18}$$

In Abbildung 5 ist diese Beziehung ebenfalls eingezeichnet.

3. Druckverteilung am Körper und Widerstand

Wie die Erfahrungen der Ballistik zeigen (s. z.B. KUTTERER [13]), ist im Überschallgebiet der durch die Druckkräfte hervorgerufene Wellenwiderstand allein maßgebend für den Geschoßwiderstand. Die Reibungskräfte sind unbedeutend. Im Meteorstadium können dazu noch die Rückstoßkräfte der verdampfenden Atome kommen. Auch dieser Beitrag ist im Feuerkugelstadium sicher klein, wie folgende Überlegung zeigt: Der Wärmefluß von der Kompressionskappe zur Oberfläche des Meteorkörpers bringt zunächst eine dünne Schicht zum Schmelzen. Diese Schmelzrinde wird zum größten Teil wegen des Druckgradienten längs der Oberfläche von der Strömung mitgenommen und gelangt dabei in Form von Tröpfchen in den Expansionsschlauch, bevor ein wesentlicher Teil dieser Schicht verdampfen kann. Gegenüber dem "Sternschnuppenstadium" wird also im "Feuerkugelstadium" der Anteil der Verdampfung am Masseverlust geringer sein[x)]

Zur Berechnung der Druckkraft muß die Druckverteilung am Körper bekannt sein. Nach BUSH und KEMP (zitiert in [6]) läßt sich der Druck p_b am Körper durch die folgende Reihenentwicklung darstellen:

$$\frac{p_b - p_{\infty}}{\varrho_{\infty} V_{\infty}^2} = 1 - \frac{1}{2}\varepsilon - \frac{4}{3}\sin^2\vartheta\left[1 + \frac{1}{4}\varepsilon - \frac{2}{3}\sqrt{\frac{8}{3}}\,\varepsilon^{3/2} + \ldots\right] \tag{19}$$

Diese Beziehung ist für die weitere Benutzung etwas unbequem. Je-

---

x) Eine eingehende Untersuchung von COOK, JACCHIA und McCROSKY bestätigt diese Überlegung [14].

doch können in der Gleichung ε und p_∞ in allen praktischen Fällen vernachlässigt werden. Dann erhält man:

$$\frac{p_b}{\varrho_\infty V_\infty^2} \approx 1 - \frac{4}{3} \sin^2\vartheta \qquad (20)$$

Aus Experimenten im Windkanal ist bekannt [6], daß die Druckverteilung noch besser durch die Beziehung

$$\frac{p_b}{p_o} = \cos^2\vartheta \qquad (21)$$

dargestellt wird. Dieses "halbempirische" Gesetz genügt für die vorliegenden Zwecke, da der Idealfall einer kugelförmigen Oberfläche in der Natur nicht erfüllt ist. Die Widerstandskraft W erhält man aus Gl.(21) durch Integration über die Halbkugel und mit Hilfe von Gl.(14) (df: Flächenelement):

$$W = \int p_o \, df \cos\vartheta = \frac{1}{2} \varrho_\infty V_\infty^2 \pi R_b^2 \qquad (22)$$

In der Hydrodynamik ist es üblich, die Widerstandskraft in der Form

$$W = c_w q F$$

zu schreiben. c_w ist der Widerstandsbeiwert, 2q der Staudruck und F die Stirnfläche. Gleichung (22) ergibt einen Widerstandsbeiwert von $c_w = 1$. (In der Meteorphysik wird meist die Widerstandszahl $\Gamma = c_w/2$ benutzt.) c_w ist hier unabhängig von der Geschwindigkeit. In der reinen Molekularströmung wird bei unelastischen Stößen $c_w = 2$, und bei Verdampfung kann der Beiwert noch höhere Werte annehmen. Das Gesetz in Gl.(22) ist in befriedigendem Einklang mit Experimenten. Nach LANDOLDT-BÖRNSTEIN [15] liegt c_w für verschiedene Messungen bis $M_\infty \approx 4.5$ zwischen 0.9 und 1.0. BAKER [16] zitiert nach Messungen von MAY und HODGES den Wert $c_w = 0.92$.

4. Enthalpie-Temperatur-Beziehung

Aus der in Abschnitt 2a) angegebenen Enthalpieänderung in der Stoßwelle wollen wir jetzt die Temperatur in der Kompressionszone berechnen.

Durch den Verdichtungsstoß wird die Bewegungsenergie in innere Energie des strömenden Mediums umgewandelt. Gemäß Gl.(7) erhöht sich die Enthalpie um einen Betrag, der allein von der Geschwindigkeitskomponente abhängt, die senkrecht auf der Stoßwelle steht. Dadurch steigt auch die Temperatur des Gases. Der Zusammenhang zwischen dem Enthalpie- und Temperaturanstieg ist verwikkelt, weil außer der Translation zusätzliche Freiheitsgrade im Gas angeregt werden können, sobald die Temperatur höher wird. Bei "mittleren" Temperaturen ist es möglich, die für ideale Gase gültige Beziehung

$$dh = c_p \, dT$$

über einen relativ weiten Bereich zu integrieren, da c_p konstant ist, solange die Energieanteile der Schwingung und Rotation klein gegenüber dem Anteil der translatorischen Bewegung sind. Bei höheren Temperaturen ist nicht nur c_p veränderlich (es steigt stark an), sondern die Enthalpie ist dann auch nicht mehr allein eine Funktion der Temperatur, weil mit dem Einsetzen der Dissoziation und Ionisation der Druck bzw. die Dichte eine maßgebende Rolle spielen.

In welchem Ausmaß die einzelnen Freiheitsgrade bereits in der Stoßfront angeregt werden, hängt von der Relaxationszeit der Energieaustauschprozesse ab. Erfordert z.B. der Dissoziationsprozeß eine merkliche Zeit gegenüber der Verweilzeit des Gases in der Stoßfront, dann wird die Temperatur im Stoß zunächst stark ansteigen, um erst später abzufallen, wenn die Dissoziation einsetzt. Im extremsten Fall, der hier denkbar ist, sind außer der Translation alle anderen Freiheitsgrade "eingefroren", und die Temperatur errechnet sich exakt nach Gl.(3). Ist die Relaxationszeit vernachlässigbar klein, dann befindet sich das Gas überall und zu jeder Zeit im thermischen Gleichgewicht. Die Temperatur hat bei gleichem Enthalpiewert ein Minimum. (Eine ausführliche Diskussion der Relaxationsphänomene im Verdichtungsstoß findet man bei SHKAROFSKY u.a. [17].) Hier soll nur der zweite Fall, das thermische Gleichgewicht, betrachtet werden.

Um den Beitrag der Dissoziation und Ionisation berücksichtigen zu können, ist es zunächst notwendig, den Dissoziations- und Ionisationsgrad zu bestimmen. Wir wollen hierzu annehmen, daß die Ionisation erst einsetzt, wenn die Dissoziation abgeschlossen ist, und daß ferner auch höhere Ionisationen erst einsetzen, wenn die vorhergehende Ionisation vollständig abgeschlossen ist. Diese Annahmen vereinfachen sehr stark die Behandlung des Problems. Wie die Ergebnisse zeigen werden, ist die erste Voraussetzung erfüllt, während die zweite Voraussetzung nur näherungsweise zutrifft. Der auftretende Fehler läßt sich jedoch durch eine graphische Interpolation mit hinreichender Genauigkeit korrigieren. Weiterhin wollen wir beim Dissoziationsprozeß die Bildung von NO vernachlässigen. Nach MOORE tritt dieses Stickoxyd etwa bei 2500° K am stärksten auf, bleibt jedoch in der Häufigkeit immer noch um mindestens eine Größenordnung unter der Häufigkeit der Sauerstoff- und Stickstoffatome und deren Molekülen [18]. Da die Bildungswärme von NO um den Faktor 3 bzw. 4 kleiner ist als die Dissoziationsenthalpie des Sauerstoffs bzw. Stickstoffs, kann der Beitrag des Stickoxyds die Ergebnisse nicht merklich beeinflussen.

Dissoziationsgrad

Der Dissoziationsprozeß verläuft nach der Gleichung:

$$O_2 + N_2 + \text{Wärme} \rightarrow 2N + 2O$$

Ist p der Gesamtdruck und bedeuten p_{N_2}, p_N ... die Partialdrücke der entsprechenden Gaskomponenten, so muß für das Luftgemisch aus 79 % Stickstoff und 21 % Sauerstoff gelten:

$$\frac{p_{N_2} + p_N}{0.79\ p} = \frac{p_{O_2} + p_O}{0.21\ p} = 1 \tag{23}$$

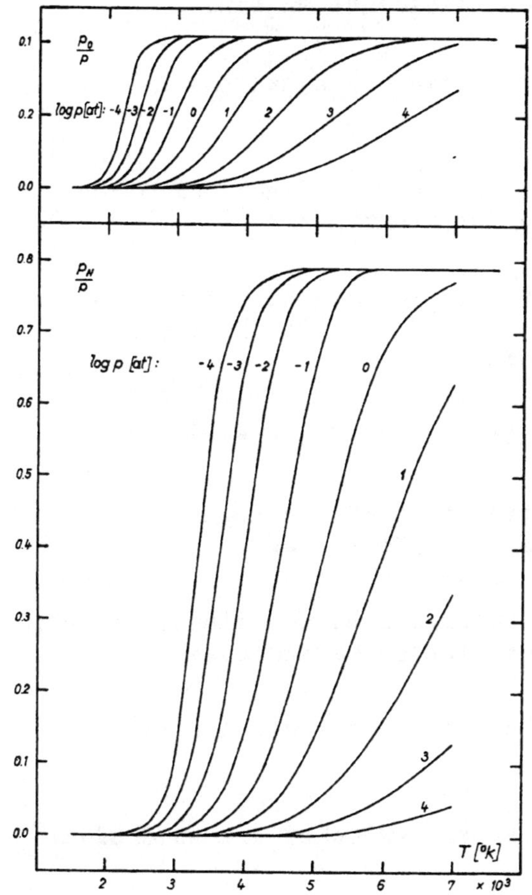

Abbildung 6

Wir berechnen die Partialdrücke mit Hilfe des Massenwirkungsgesetzes (siehe z.B. D'ANS und LAX [19]):

$$(K_p)_O = \frac{(p_O)^2}{p_{O_2}}$$

$$(K_p)_N = \frac{(p_N)^2}{p_{N_2}} \tag{24}$$

Die Konstanten des Massenwirkungsgesetzes K_p sind von D'ANS und LAX für Stickstoff bis 4000° K und für Sauerstoff bis 5000° K tabuliert. Sie lassen sich mit einiger Sicherheit noch bis 7000° extrapolieren.

Kombiniert man die Gleichungen (23) und (24). so erhält man:

$$p_N = -\frac{1}{2}(K_p)_N \left[1 - \sqrt{1 + 3.16\frac{p}{(K_p)_N}}\right]$$

$$p_O = -\frac{1}{2}(K_p)_O \left[1 - \sqrt{1 + 0.84\frac{p}{(K_p)_O}}\right] \tag{25}$$

Die nach diesen Gleichungen berechneten Partialdrücke sind in Abbildung 6 für verschiedene Werte des Gesamtdruckes dargestellt. Wegen der kleineren Dissoziationswärme des Sauerstoffs setzt die Dissoziation des Sauerstoffs eher ein als die des Stickstoffs.

Ionisationsgrad

Zur Berechnung des Ionisationsgrades benutzen wir die Saha-Gleichung. Dazu führen wir folgende Bezeichnungen ein:

N	=	Gesamtzahl der Atome und Ionen pro Kubikzentimeter
N_N, N_O	=	Zahl der Stickstoff- bzw. Sauerstoffatome und Ionen pro Kubikzentimeter
$n_N^{(r+1)}$, $n_O^{(r+1)}$	=	Zahl der (r+1)fach ionisierten Atome pro Kubikzentimeter ($n^{(o)}$ ist die Zahl der neutralen Atome)
n_e	=	Zahl der Elektronen pro Kubikzentimeter
$\alpha_N^{(r)}$, $\alpha_O^{(r)}$	=	Ionisationsgrad der (r+1)ten Ionisation bei Stickstoff bzw. Sauerstoff
μ_{at}	=	atomares Molekulargewicht des dissoziierten, aber nicht ionisierten Gasgemisches
$\bar{\mu}$	=	mittleres Molekulargewicht des ionisierten Gasgemisches.

Es gelten dann die folgenden Beziehungen zwischen diesen Größen:

$$
\begin{aligned}
N_N &= 0.79\,N & N_O &= 0.21\,N \\
n_N^{(r+1)} &= \alpha_N^{(r)}\,N_N & n_O^{(r+1)} &= \alpha_O^{(r)}\,N_O \\
n_N^{(r)} &= N_N(1-\alpha_N^{(r)}) & n_O^{(r)} &= N_O(1-\alpha_O^{(r)}) \\
& & n_e &= N\,(r + 0.79\,\alpha_N^{(r)} + 0.21\,\alpha_O^{(r)}) \\
& & \bar{\mu} &= \frac{\mu_{at}}{1 + r + 0.79\,\alpha_N^{(r)} + 0.21\,\alpha_O^{(r)}}
\end{aligned}
\tag{26}
$$

Nach der Saha-Gleichung ist

$$\frac{n^{(r+1)}}{n^{(r)}} n_e = S^{(r)}$$

$$S^{(r)} = \frac{2(2\pi m k T)^{3/2}}{h^3} \cdot \frac{U^{(r+1)}}{U^{(r)}} e^{-\frac{\chi^{(r)}}{kT}} \tag{27}$$

U bedeutet die Zustandssumme der entsprechenden Ionisationsstufen und χ das Ionisationspotential. Die anderen Bezeichnungen bedürfen keiner näheren Erläuterung (s. z.B. UNSÖLD [20]). Der Gasdruck ist nach der kinetischen Theorie der Gase:

$$p = (N + n_e)\, kT = (1 + r + 0.79\, \alpha_N^{(r)} + 0.21\, \alpha_O^{(r)})\, kT\, N \tag{28}$$

Damit und mit Hilfe der Gleichungen (26) können wir die Saha-Gleichung in die folgende Form bringen:

$$\frac{\alpha_{N,O}^{(r)}}{1 - \alpha_{N,O}^{(r)}} \cdot \frac{r + 0.79\, \alpha_N^{(r)} + 0.21\, \alpha_O^{(r)}}{1 + r + 0.79\, \alpha_N^{(r)} + 0.21\, \alpha_O^{(r)}} = S_{N,O}^{(r)} \cdot \frac{kT}{p} \tag{29}$$

Die beiden Gleichungen (29) (für N und O!) müssen nach α_N und α_O aufgelöst werden. Wir erhalten komplizierte Ausdrücke dritten Grades für α_N bzw. α_O, die sich nicht explizit nach α auflösen lassen. Um das Gleichungssystem (29) zu lösen, haben wir deshalb eine graphische Methode benutzt. Nach einigen Zwischenrechnungen erhält man nämlich aus den Gl.(29) die folgenden Beziehungen:

$$\frac{\alpha_N}{1-\alpha_N} \cdot \frac{r\,[S_N - \alpha_N(S_N - S_O)] + 0.79\, \alpha_N S_N - 0.79\, \alpha_N^2 (S_N - S_O) + 0.21\, \alpha_N S_O}{(1+r)[S_N - \alpha_N(S_N - S_O)] + 0.79\, \alpha_N S_N - 0.79\, \alpha_N^2 (S_N - S_O) + 0.21\, \alpha_N S_O} = S_N \cdot \frac{kT}{p}$$

$$\alpha_O = \frac{\alpha_N\, S_O}{S_N - \alpha_N\, (S_N - S_O)} \tag{30}$$

(Der "Exponent" (r) ist hier überall zur Vereinfachung weggelassen worden!) Die linke Seite der ersten Gleichung wurde nun für verschiedene Werte von α_N zwischen 0.10 und 0.95 berechnet und gezeichnet. Der Schnittpunkt dieser Kurve mit dem Wert der rechten Seite $S_N \cdot \frac{kT}{p}$ ergab die Lösung für α_N. Da die linke Seite der ersten Gleichung nur sehr schwach von der Temperatur abhängt, war es nicht nötig, für jede Temperatur diesen unhandlichen Bruch zu berechnen. Aus der zweiten Gleichung (30) konnte das zu α_N gehörige α_O bequem berechnet werden. Die Ionisationspotentiale und das statistische Gewicht des Grundzustandes wurden von UNSÖLD [20] übernommen. Die Zustandssumme wurde durch das statistische Gewicht des Grundzustandes ersetzt. Das ist zwar nur dann richtig, wenn bei "mittleren" Temperaturen die höheren Terme vernachlässigt werden können, genügt jedoch für die vorliegenden Zwecke, weil auch bei höheren Temperaturen das Verhältnis $\frac{U^{(r+1)}}{U^{(r)}}$ genähert konstant bleibt.

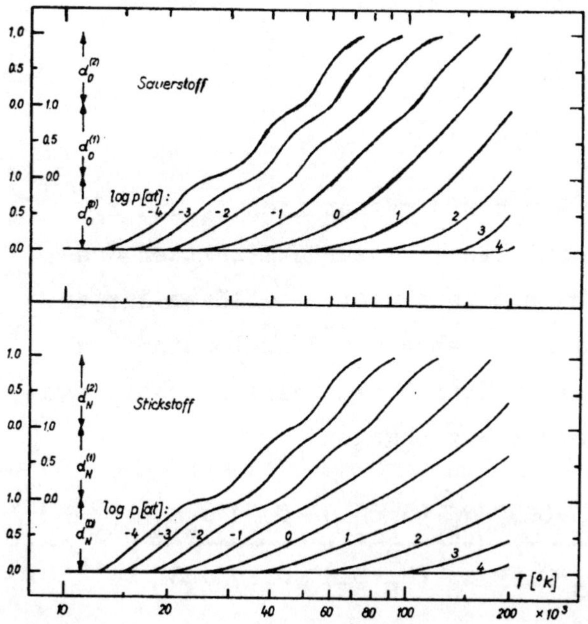

Abbildung 7

In Abbildung 7 ist der Ionisationsgrad nach Gl.(30) aufgetragen. Die Rechnungen wurden nur bis zur dritten Ionisation (r = 2) und bis $2 \cdot 10^5$ °K durchgeführt. Es zeigte sich rechnerisch, daß bei höheren Drücken ($p > 10^{-2}$ at) d.h. auch bei höheren Temperaturen mehr als zwei Ionisationsstufen nebeneinander bestehen. Bei einigen Temperaturen ergab sich nämlich, daß $\alpha^{(r+1)} > 0$, wenn $\alpha^{(r)}$ noch nicht den Wert 1 erreicht hatte. Diese Effekte wurden nicht berücksichtigt und nur e i n Wert von α in e i n e r Ionisationsstufe ermittelt. Zu diesem Zweck wurden die Ergebnisse graphisch ausgeglichen. Abbildung 7 zeigt bereits die geglätteten Kurven. Bei der Berechnung der Enthalpie (siehe unten) wurden wiederum die rechnerischen Werte von α benutzt und nachher die Enthalpiekurven ausgeglichen, so daß sich kein zusätzlicher Fehler durch die jetzige Glättung übertragen konnte. (Eine exakte Berechnung des thermischen Ionisationsgleichgewichts von Luft wird zur Zeit mit Hilfe des Zeiß-Rechenautomaten ZRA 1 vorgenommen und demnächst als Mitteilung der Sternwarte Babelsberg veröffentlicht.)

Enthalpie

Solange das Luftgemisch aus zweiatomigen Stickstoff- und Sauerstoffmolekülen und den dissoziierten Bestandteilen besteht, ist die Enthalpie pro Masseneinheit:

$$h = \frac{\Sigma H_i p_i + \Sigma H_i^o p_i}{\Sigma \mu_i p_i} \tag{31}$$

Hier bedeuten:

H_i : die molare Enthalpie der Komponenten des Gemisches,

H_i^o : die Bildungswärme des a t o m a r e n Gases pro Mol ($H^o_{N_2} = H^o_{O_2} = 0$),

p_i : den Partialdruck,

μ_i : das Molekulargewicht der Komponente.

Die molare Enthalpie der Gase setzt sich zusammen aus den Beiträgen der Translation, Rotation, Schwingung und Elektronenanregung. Der letzte Beitrag kann aber gegenüber den anderen vernachlässigt werden. Für die i n n e r e E n e r g i e eines Mols erhalten wir demnach die folgenden Ausdrücke (s. z.B. [21]):

$$E = \frac{3}{2}\mathfrak{R}T \text{ (Translation)} + \mathfrak{R}T \text{ (Rotation)} + E_{\text{Schwingung}}$$

Der Schwingungsanteil besteht zum größten Teil aus der Nullpunktsenergie $e_o = \frac{h\nu}{2}$ des Moleküls, wo ν die Grundschwingungsfrequenz bedeutet (h Plancksches Wirkungsquantum). Im einatomigen Zustand des Gases fallen die beiden letzten Terme fort. Wir erhalten also für die molare Enthalpie:

$$H = E + T = \begin{cases} \frac{7}{2}\mathfrak{R}T + E_0 & \text{zweiatomig} \\ \frac{5}{2}\mathfrak{R}T & \text{einatomig} \end{cases} \tag{32}$$

In Gleichung (31) führen wir das mittlere Molekulargewicht ein:

$$\bar{\mu}\, p = \Sigma\, \mu_i p_i \tag{33}$$

Die Zahlenwerte für die Bildungsenthalpien und für die Grundschwingung der Moleküle sind von D'ANS und LAX [19] tabuliert und ergeben (in cal/mol):

$$H_N^0 = 1.69 \cdot 10^5, \qquad H_O^0 = 1.17 \cdot 10^5$$
$$E_0(O_2) = 2.25 \cdot 10^2, \qquad E_0(N_2) = 3.36 \cdot 10^3$$

Gleichung (31) ergibt dann mit diesen Zahlenwerten und mit Gleichung (23) und Gleichung (32) die folgende numerische Beziehung:

$$\bar{\mu}\, ph = (7T + 3.12 \cdot 10^3)\, p + (1.66 \cdot 10^5 - 2T)\, p_N + (1.15 \cdot 10^5 - 2T)\, p_O \tag{34}$$

(Die Temperatur ist hier in Grad Kelvin einzusetzen; die Gleichung gibt dann h in cal/g.) Aus den Partialdrücken (Abb.6) wurde danach für verschiedene Werte des Gesamtdrucks die Enthalpie berechnet. Die Ergebnisse sind in Abbildung 8 enthalten. Die gestrichelten Teile sind Interpolationen zum Bereich der Ionisation. Außerdem enthält diese Abbildung als strichpunktierte Kurve den Verlauf der Enthalpie, wie er sich ohne Berücksichtigung der Dissoziation ($p_N = p_O = 0$) ergeben würde. Man sieht, daß die Temperatur bei einem vorgegebenen Enthalpiewert durch die Berücksichtigung der Dissoziationswärme erheblich gesenkt wird. (Der Enthalpiewert bei 250^0 K wurde zu $1.7 \cdot 10^2$ cal/g berechnet.)

Im ionisierten Gasgemisch setzt sich die innere Energie aus der Translationsenergie, der Ionisationsenergie

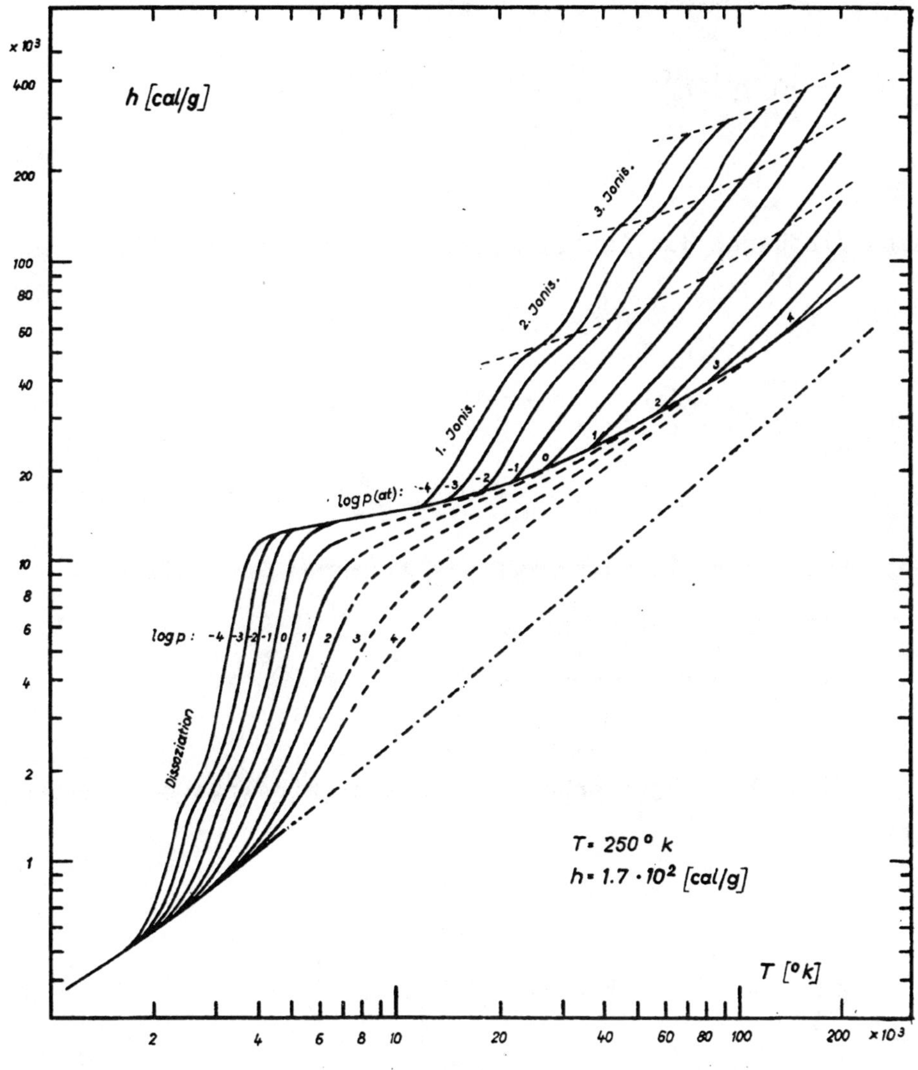

Abbildung 8

und der Bildungswärme der Atome zusammen. Bezeichnen wir mit e_t die Translationsenergie pro Gramm, dann ist

$$e_t = \frac{3}{2}\frac{kT}{\varrho}(n_e + N) = \frac{3}{2}\frac{p}{\varrho}$$

oder mit der Zustandsgleichung für das ideale Gas

$$e_t = \frac{3}{2} \frac{\Re T}{\mu_{at}} (1 + r + 0.79\, \alpha_N^{(r)} + 0.21\, \alpha_O^{(r)})$$

Für die Ionisationsenergie e_{ion} ergibt sich:

$$e_{ion} = \frac{N}{\varrho} \Big[0.79\, (\chi_N^{(o)} + \ldots + \chi_N^{(r-1)} + \alpha_N^{(r)} \chi_N^{(r)}) + \\ + 0.21\, (\chi_O^{(o)} + \ldots + \chi_O^{(r-1)} + \alpha_O^{(r)} \chi_O^{(r)}) \Big]$$

oder nach Einführen der Zustandsgleichung und mit der Abkürzung

$\frac{\chi}{k} = \Theta$

$$e_{ion} = \frac{\Re}{\mu_{at}} \Big[0.79\, (\Theta_N^{(o)} + \ldots + \Theta_N^{(r-1)} + \alpha_N^{(r)} \Theta_N^{(r)}) + \\ + 0.21\, (\Theta_O^{(o)} + \ldots + \Theta_O^{(r-1)} + \alpha_O^{(r)} \Theta_O^{(r)}) \Big]$$

Schließlich ist die Bildungswärme des atomaren Gasgemisches:

$$h_B = \frac{0.79\, H_N^o + 0.21\, H_O^o}{\mu_{at}} = 1.10 \cdot 10^4 \text{ cal/g}$$

Aus diesen drei Beiträgen erhalten wir die Enthalpie der Masseneinheit:

$$h = e_t + e_{ion} + \frac{p}{\varrho} + h_B$$

$$h = h_B + \frac{5}{2} \frac{\Re}{\mu_{at}} T \Big[1 + r + 0.79\, \alpha_N^{(r)} + 0.21\, \alpha_O^{(r)} \Big] + \\ + \frac{\Re}{\mu_{at}} \Big[0.79\, (\Theta_N^{(o)} + \ldots + \alpha_N^{(r)} \Theta_N^{(r)}) + 0.21\, (\Theta_O^{(o)} + \ldots + \alpha_O^{(r)} \Theta_O^{(r)}) \Big]$$

Setzen wir hier die entsprechenden Zahlenwerte ein, so bekommen wir die numerische Beziehung (h in cal/g):

$$h = 1.10 \cdot 10^4 + T \Big[0.347\, (1 + r) + 0.274\, \alpha_N^{(r)} + 0.073\, \alpha_O^{(r)} \Big] + \\ + 0.1098 \Big[\Theta_N^{(o)} + \ldots + \alpha_N^{(r)} \Theta_N^{(r)} \Big] + 0.0292 \Big[\Theta_O^{(o)} + \ldots + \alpha_O^{(r)} \Theta_O^{(r)} \Big] \qquad (35)$$

Die nach dieser Gleichung berechneten Enthalpiewerte sind bis zur dritten Ionisation und bis zu $T = 2 \cdot 10^5$ °K in Abbildung 8 dargestellt. Die Kurven sind geglättet (siehe oben), da die Annahme nicht ganz korrekt ist, daß bei einer bestimmten Temperatur nur zwei Ionisationsstufen nebeneinander bestehen. Wenn aber mehrere Ionisationsstufen gleichzeitig vorhanden sind, verliert die Beziehung (35) ihre strenge Gültigkeit. Um diesen Fehler auszugleichen, wurde bei den Temperaturen, wo es notwendig war, die Enthalpie mit zwei verschiedenen Stufen des Ionisationsgrades berechnet und die so erhaltenen Werte graphisch ausgeglichen.

II. Temperaturverteilung um Meteorkörper

Um die Temperaturverteilung in der Kompressionskappe zu bestimmen, berechnen wir zunächst nach Gl.(7) die Enthalpie und nach Gl.(8) - in der wir ε vernachlässigen - den Druck in der Kompressionskappe. Aus der Enthalpie-Temperatur-Beziehung (Abbildung 8) folgt dann sofort die entsprechende Temperatur.

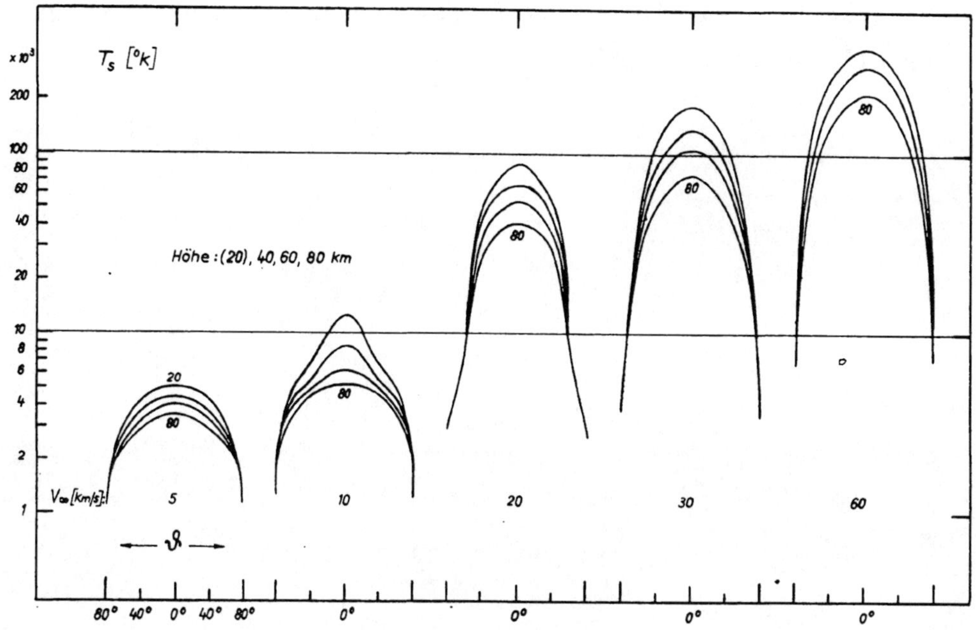

Abbildung 9

In Abbildung 9 sind die Ergebnisse für die Geschwindigkeiten 5, 10, 20, 30 und 60 km/s und für vier (bzw. drei) Höhen (wegen der Druckabhängigkeit der Enthalpie-Temperatur-Beziehung) dargestellt. Da zwischen 10 km/s und 20 km/s, d.h. bei etwa 10 000° bis 30 000° K für den entsprechenden Druckbereich, zunächst die D i s s o z i a t i o n abgeschlossen wird und die Ionisation erst bei höherer Temperatur einsetzt, erscheint in der Abbildung zwischen diesen beiden Geschwindigkeiten eine auffällige Sprungstelle. Nach Abbildung 8 steigt in diesem Bereich die Enthalpie schwächer mit wachsender Temperatur an.

Aus der Darstellung geht hervor, daß kein Temperaturgleichgewicht in der gesamten Kompressionszone erreicht wird. Starke Temperaturgradienten längs der Körperoberfläche müssen zu wechselseitigen Energieaustauschprozessen durch Strahlungstransport und Wärmeleitung führen. Wegen der Abweichung vom Gleichgewichtszustand kann bei Meteoren keine reine Temperaturstrahlung nach dem Stefan-Boltzmannschen Gesetz erwartet werden. Deshalb muß hier betont werden, daß auch die im 2. Teil dieser Arbeit vorgenommenen Abschätzungen über die Intensität der Emissionslinien in einem Meteorspektrum nur einen groben Anhalt geben können, solange zur Berechnung der thermischen Anregung und Ionisation thermodynamisches Gleichgewicht der gesamten emittierenden Schicht vorausgesetzt werden muß.

Der Energieinhalt in der Kompressionskappe ist gering. Zerlegen wir die Kompressionskappe in konzentrische Kreisringe der Breite $R_b\,d\vartheta$ und der Höhe Δ um den Stirnpunkt als Zentrum, so ist der Enthalpieinhalt dH_k eines solchen Ringes, wenn wir die Enthalpie h_∞ der Atmosphäre vernachlässigen:

$$dH_k = h_s(\vartheta)\, 2\pi R_b \cdot \sin\vartheta \cdot \Delta\, R_b\, d\vartheta = V_\infty^2 \varrho_\infty \pi R_b^3 \cos^2\vartheta \sin\vartheta\, d\vartheta$$

Der gesamte Enthalpieinhalt der Kompressionskappe ist dann:

$$H_k = V_\infty^2 \varrho_\infty \pi R_b^3 \int_0^{\frac{\pi}{2}} \cos^2\vartheta \sin\vartheta\, d\vartheta$$

$$H_k = \frac{\pi}{3} V_\infty^2 R_b^3 \varrho_\infty \qquad (36)$$

Das Verhältnis dieses Enthalpieinhalts zur kinetischen Energie des Meteorkörpers von der Dichte ϱ_M ergibt sich zu:

$$\frac{H_k}{E_{kin}} = \frac{1}{2} \frac{\varrho_\infty}{\varrho_M}$$

Nur ein geringer Bruchteil der kinetischen Energie ist danach in thermischer Energie in der Kompressionskappe gespeichert.

III. Eigenschaften der Strömung

Wir haben bisher noch nicht die Frage beantwortet, ob bei Meteoren tatsächlich das in Kapitel I,1 erläuterte Strömungsbild zu erwarten ist. Es ist deshalb notwendig, Kriterien aufzustellen, die uns Aussagen geben über die Dicke der Stoßfront, über die Ausdehnung der reibungsfreien Schicht und der Grenzschicht. Das heißt, wir müssen fragen, wie weit die in Abbildung 1 dargestellten Strömungsverhältnisse auf Meteore übertragen werden können, welche Höhen in der Erdatmosphäre und welche Geschwindigkeiten und Größen des Meteorkörpers mit diesem Bild vom Strömungsablauf verträglich sind. Insbesondere werden wir zu untersuchen haben, wann die Kontinuumsströmung bei Meteoren einsetzt. Die in Kapitel I,2c berechnete Dichtekompression wird bei diesen Betrachtungen eine maßgebende Rolle spielen.

Die Grenze zwischen Kontinuumsströmung und Molekularströmung wird im allgemeinen durch die Größe der mittleren freien Weglänge der Luftpartikel in der Atmosphäre und der Dimensionen des Körpers festgelegt.

$$\lambda_\infty < R_b$$

Diese Bedingung ist aber etwas zu einschränkend. In unmittelbarer Nähe der Körperoberfläche ist die mittlere freie Weglänge kleiner, weil die Atmosphäre durch den Körper komprimiert wird. Stöße zwischen den Molekülen können deshalb im Bereich der Körperdimension häufiger sein, auch wenn die mittlere freie Weglänge in der ungestörten Strömung groß gegen R_b ist. Ein besseres Maß für die Grenze der Kontinuumsströmung ist daher die mittlere freie Weglänge λ_s in der Kompressionskappe. Wir werden also fordern

$$\lambda_s < R_b$$

Es ist aber $\lambda_s \sim \frac{\zeta}{\varrho \bar{w}}$ (ζ = Zähigkeit) ($\bar{w}$ = mittl. Molekulargeschw.)

$$\lambda_s = \lambda_\infty \left(\frac{\zeta_s}{\zeta_\infty}\right)\left(\frac{\varrho_\infty}{\varrho_s}\right)\left(\frac{\bar{w}_\infty}{\bar{w}_s}\right)$$

Wegen $\zeta \sim T^{1/2}$ und $\bar{w} \sim T^{1/2}$ folgt daraus:

$$\frac{\lambda_s}{\lambda_\infty} = \varepsilon$$

Die Bedingung für die Anwendung der Kontinuumstheorie lautet demnach:

(K.B.) $$\frac{\lambda_\infty}{R_b} < \frac{1}{\varepsilon} \qquad (37)$$

Schmale Stoßwelle

Wir werden die Stoßwelle als scharf ansehen, wenn ihre Dicke $t = \lambda_s$ etwa den hundertsten Teil des Radius $R_s \approx R_b$ beträgt. Diese Bedingung für eine schmale Stoßwelle lautet:

(S.St.) $$\frac{\lambda_\infty}{R_b} \leqq \frac{1}{100\varepsilon} \qquad (38)$$

Ist die mittlere freie Weglänge λ_∞ größer, dann kann die Stoßfront die ganze Kompressionskappe bis zur Körperoberfläche ausfüllen. Dieser Fall bedeutet $t = \Delta$. Nach HAYES und PROBSTEIN gilt näherungsweise:

$$\frac{\Delta}{R_b} = \varepsilon \qquad (39)$$

Die Kopfwelle nimmt also die ganze Kompressionskappe ein, wenn

($t = \Delta$) $$\frac{\lambda_\infty}{R_b} = 1 \qquad (40)$$

ist.

Grenzschicht

Nach Abbildung 1 reicht die Grenzschicht nicht bis zur Kopfwelle heran ($\delta < \Delta$). Dazwischen befindet sich die "reibungsfreie" Schicht. Sie verschwindet, wenn $\delta = \Delta$ wird. Nach ADAMS und PROBSTEIN [22] ist in der Nähe des Staupunktes die Grenzschichtdicke von der Größenordnung:

$$\frac{\delta}{R_b} = \sqrt{\frac{\lambda_\infty}{R_b} M_\infty} \cdot \varepsilon^{3/4} \tag{41}$$

Kombinieren wir diese Gleichung mit Gl.(39), so erhalten wir eine Beziehung, die angibt, wann die Grenzschicht mit der Kompressionskappe zusammenfließt, also bis zur Kopfwelle reicht.

$$(\delta = \Delta) \qquad M_\infty \frac{\lambda_\infty}{R_b} = \sqrt{\varepsilon} \tag{42}$$

Wird diese Gleichung für $M_\infty > 10$ exakt erfüllt, so ist auch die Kopfwelle scharf, wie ein Vergleich von Gl.(42) mit Gl.(38) zeigt.

Wir werden die Grenzschicht als schmal ansehen, wenn $\delta < 0.1\ \Delta$ ist.

Gleitströmung

Unsere Vorstellungen von der Strömung unmittelbar an der Oberfläche des Körpers gehen davon aus, daß die Geschwindigkeit in der Grenzschicht stetig auf den Wert 0 sinkt. Dann ist zum Beispiel die Schubspannung proportional dem Geschwindigkeitsgradienten an der Oberfläche und der Wärmefluß proportional dem Temperaturgradienten. Sobald jedoch die mittlere freie Weglänge der Grenzschicht nicht mehr gegen die Körperabmessungen vernachlässigbar klein ist, befindet sich das Gas unmittelbar an der Oberfläche nicht mehr in Ruhe, sondern strömt mit einer bestimmten Geschwindigkeit darüber hinweg. Auch der Temperaturverlauf erfährt an der Oberfläche einen Sprung. Eine befriedigende Behandlung dieser Gleitströmung ist heute noch nicht gelungen.

"Gleiteffekte" treten nicht auf, wenn die mittlere freie Weglänge λ_b an der Körperoberfläche klein gegen den Radius des Körpers ist ($\lambda_b < R_b$). Es genügt hier anzunehmen (s. [22]):

$$\frac{\lambda_b}{R_b} \leqq \frac{1}{10} \tag{43}$$

Wegen der Beziehung

$$\frac{\lambda_b}{\lambda_\infty} = \frac{\varrho_\infty}{\varrho_b} = \frac{p_\infty}{p_b} \cdot \frac{T_b}{T_\infty}$$

in der die Veränderlichkeit des Molekulargewichts für die folgenden Abschätzungen vernachlässigt wurde, folgt für Gleichung (43) mit Hilfe der Gleichungen (13) und (21) im Staupunkt ($\cos\vartheta = 1$):

$$\frac{1}{1 + \varkappa_\infty M_\infty^2} \cdot \frac{T_b \lambda_\infty}{T_\infty R_b} \leqq \frac{1}{10}$$

Um eine einfachere Beziehung zu erhalten, können wir diese Forderung noch etwas verschärfen und bekommen die folgende Gleichung für die Bedingung, daß keine "Gleiteffekte" vorhanden sind:

(Gl.E.) $$\frac{1}{M_\infty^2} \cdot \frac{T_b \lambda_\infty}{T_\infty R_b} \leqq \frac{1}{10} \tag{44}$$

Quantitative Ergebnisse

Zur numerischen Berechnung der oben angeführten Bedingung benutzen wir die in Abschnitt I, 2c abgeleiteten Werte von ε. Außerdem setzen wir $T_b = 2000^\circ$ K. Dieser Wert entspricht größenordnungsmäßig der Schmelztemperatur eines Eisen- oder Steinmeteoriten. Variieren wir die Geschwindigkeit von 0.5 km/s bis 60 km/s und die Teilchengrößen von 10^{-4} cm bis 10^2 cm, so umfassen wir einen sehr weiten Bereich der möglichen Meteorkörper in der Erdatmosphäre. (Der untere Geschwindigkeitsbereich bis 10 km/s gilt für Meteorkörper, die ihre kosmische Geschwindigkeit bereits in größeren Höhen verloren haben.)

Für jeden Geschwindigkeitswert wurde zunächst im ersten Schritt nach Abbildung 5 ein mittlerer Wert von ε gewählt und λ_{∞} für jede Teilchengröße berechnet. Dieser mittleren freien Weglänge konnte dann eine entsprechende vorläufige Höhe zugeordnet werden. Aus der so gewonnenen Höhenangabe wurde nach Gl.(13) der Druck in der Kompressionskappe berechnet und nach Abb.5 ein verbesserter Wert von ε für die betreffende Geschwindigkeit und Teilchengröße bestimmt. Im zweiten Schritt wurde mit diesem Wert von ε erneut die zugehörige Höhe berechnet und als endgültig angesehen, da sich weitere Verbesserungen in der Höhenbestimmung nicht mehr auswirkten.

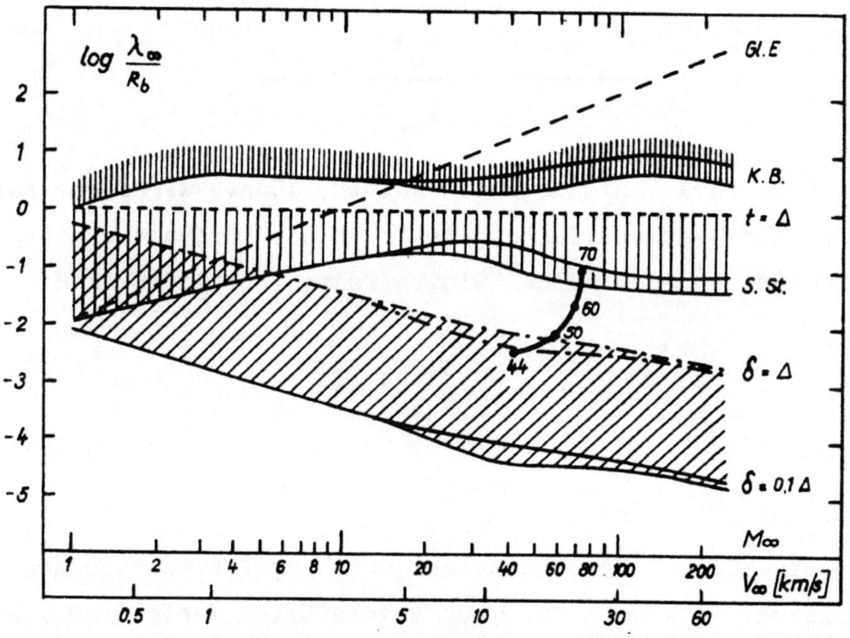

Abbildung 10

Die Ergebnisse dieser Berechnungen sind in Abb. 10 und 11 dargestellt. In Abbildung 10 sind die oben angeführten Bedingungen als Funktion der Geschwindigkeit gezeichnet. Ab $M_{\infty} = 10$ ergeben wegen der Druckabhängigkeit von ε die Bedingungen für eine Kontinuumsströmung (K.B.), für eine schmale Stoßwelle (S.St.), für das Verschwinden der reibungsfreien Schicht ($\delta = \Delta$) und für eine schmale

Grenzschicht ($\delta = 0.1\ \Delta$) keine einfachen Kurven. Es wurden nur die Grenzkurven gezeichnet, die bei den vorgegebenen Teilchengrößen überhaupt vorkommen. Liegt ein Wertetripel λ_∞ (bzw. Höhe), R_b und V_∞ u n t e r h a l b der Kurve "K.B ", so bedeutet dies, daß die Kontinuumsvorstellung anzuwenden ist; liegt es unterhalb "S.St.", so ist die Kopfwelle scharf; befindet es sich unterhalb "$\delta = 0.1\ \Delta$", so ist die Grenzschicht kleiner als die Kompressionskappe, und liegt es unterhalb der Geraden "Gl.E.", können Gleiteffekte vernachlässigt werden. Ein Wertetripel o b e r h a l b "$t = \Delta$" bedeutet, daß die Stoßfront bis zum Körper reicht; entsprechend bedeutet ein Wertetripel oberhalb "$\delta = \Delta$", daß die Grenzschicht bis zur Kopfwelle reicht. Bei kleinen Geschwindigkeiten ($V_\infty < 2$ km/s) und in großen Höhen bzw. bei kleinen Teilchen ($\frac{\lambda_\infty}{R_b} > 10^{-1}$) können hinter der Kopfwelle extreme Zustände vorliegen.

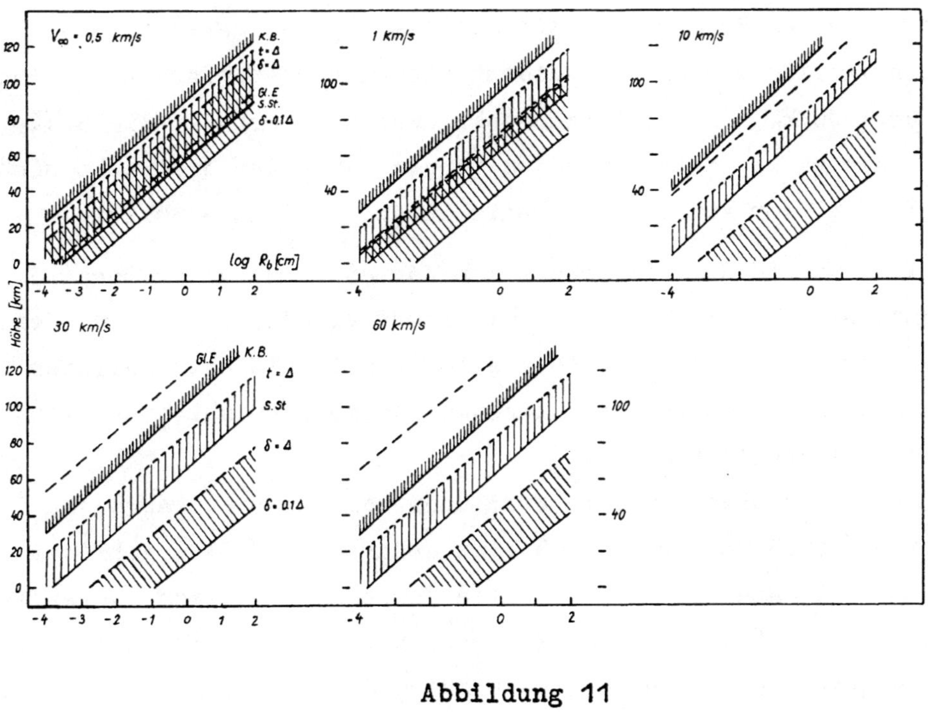

Abbildung 11

Wir gewinnen ein anschaulicheres Bild vom Strömungszustand, wenn wir - getrennt nach Geschwindigkeiten - die Bedingungen als Beziehung zwischen Höhe und Teilchengröße darstellen. Dies ist in Abbildung 11 geschehen. Die Deutung der Kurven geschieht in gleicher Weise wie bei Abbildung 10 erläutert. Beide Abbildungen ergeben folgende Aussagen:

1) Die Kontinuumsströmung ist in einem sehr weiten Höhen- und Geschwindigkeitsbereich für die Beschreibung des Meteorphänomens anwendbar. Die Übersicht in Tabelle IV zeigt, von welcher Höhe ab die Wechselwirkung des Meteorkörpers mit der Atmosphäre von der Kontinuumsvorstellung erfaßt werden kann. Die angegebenen

Tabelle IV

R_b [cm]	100	10	1	0.1	0.01	0.001	0.0001
Höhe [km]	130	120	100	85	70	50	30

Werte können nur Richtwerte sein, da die Grenze nach Gl. (37) über ε von der Geschwindigkeit abhängt. In dem gewählten Geschwindigkeitsbereich verschieben sich die Grenzhöhen allerdings nur um $\pm$ 10 km. In der Nähe dieser Grenzhöhe erfüllt die Stoßfront die ganze Schicht vor dem Körper; außerdem erstreckt sich der Einfluß der Viskosität ebenfalls auf die ganze Schicht.

2) Wenn wir in der Atmosphäre von der unter 1) angegebenen Grenzhöhe um 30 bis 40 km weiter hinuntergehen, so wird um den Meteorkörper zunächst die Kopfwelle schmal. Kleinste Teilchen können aber selbst in den untersten Atmosphärenschichten keine scharfe Stoßwelle ausbilden.

Manche Autoren sprechen erst dann von einer ausgeprägten Kontinuumsströmung, wenn sich eine scharfe Kopfwelle gebildet hat. Da bei Meteoren die Kopfwelle das erste deutlich ausgeprägte Charakteristikum für das Eindringen in die Kontinuumsströmung ist, scheint es vielleicht zweckmäßig, diese Eigenschaft zur Definition des Feuerkugelstadiums zu benutzen. Im vorhergehenden

Stadium, im Grenzgebiet zwischen Molekularströmung und Kontinuumsströmung, spielt die diskrete Struktur des Gases noch eine maßgebliche Rolle.

3) Nur bei kleinen Geschwindigkeiten und bei größeren Teilchen (> 1 cm) kann unterhalb 40 bis 60 km Höhe eine schmale Grenzschicht erwartet werden. Deshalb darf in der Kompressionskappe im allgemeinen die Viskosität nicht vernachlässigt werden.

4) Die Gleitströmung kann nur bei Geschwindigkeiten, die kleiner als 5 km/s sind, eine Rolle spielen. Die Gleiteffekte können aber vernachlässigt werden, wenn das Feuerkugelstadium wie unter 2) enger gefaßt wird, d.h. wenn eine scharfe Kopfwelle gefordert wird.

T e i l 2

Die im ersten Teil dieser Arbeit dargelegten Untersuchungen lassen es wünschenswert erscheinen, die Ergebnisse der gasdynamischen Betrachtungsweise an der Beobachtung nachzuprüfen. Hierzu ist eine möglichst genaue und vollständige Meteorbeobachtung am geeignetsten, um von vornherein die kinematischen und photometrischen Daten als gesichert vorauszusetzen. Um vor allem die in Kapitel II errechneten Temperaturen bestätigen zu können, sollte darüber hinaus ein Spektrum des Meteors vorhanden sein.

Als Beispiel einer solchen Meteorbeobachtung bietet sich das am 13. August 1958 in Ondrejov aufgenommene sehr helle Meteor Nr. 15761 an, über welches ausführlich von CEPLECHA, RAJCHL und SEHNAL berichtet wurde [23]. Die Auswertung der Überwachungsplatten, die auf zwei Stationen gewonnen wurden, ergab einen hohen Grad an innerer Genauigkeit bei der Ableitung der Bahn in der Atmosphäre und auch eine einigermaßen zuverlässige Lichtkurve.

IV. Beobachtungsgrundlagen

Der Bewegungsablauf des Meteors ist aus Abbildung 12 ersichtlich. Es handelt sich hier um eine langsame Feuerkugel. (Die ursprüngliche geozentrische Geschwindigkeit außerhalb der Atmosphäre wurde zu 22.1 km/s bestimmt.) Aus dem Geschwindigkeitsverlauf konnte die Verzögerung dieses Meteors als Funktion der Höhe ebenfalls mit ausreichender Genauigkeit bestimmt werden. Im unteren Teil der Abbildung 12 sind die errechneten Werte mit ihren Fehlergrenzen angegeben. Die ausgleichende Kurve nach CEPLECHA u.a. wurde hier im oberen Teil (bei der Höhe 45 km) abweichend von der Originalarbeit etwas nach unten gezogen, da sie so der theoretischen Interpretation etwas besser entspricht. Die starke Änderung der Verzögerung bei 50 bis 48 km ist nach

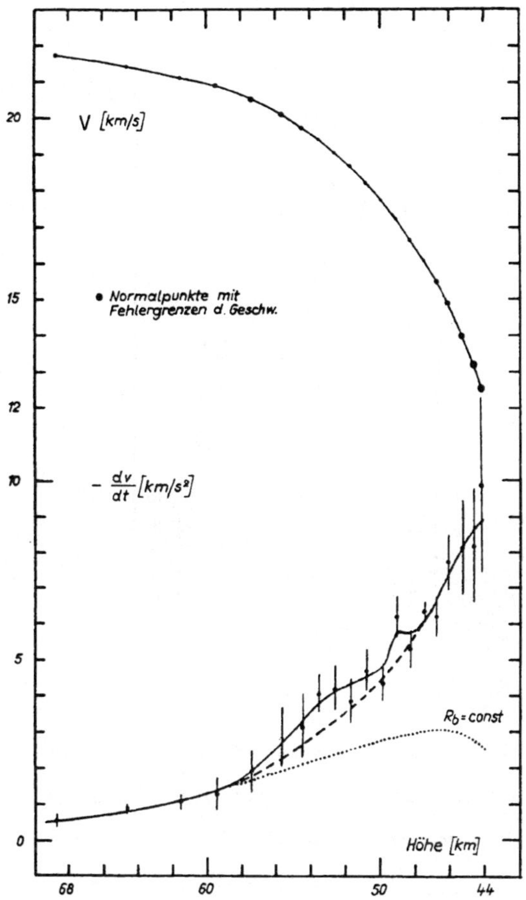

Abbildung 12

CEPLECHA reell und auf einen starken Helligkeitsausbruch (s. Abb.13) in dieser Höhe mit vermutlich größerem Masseverlust zurückzuführen. Diese Deutung trifft wahrscheinlich auch auf den Anstieg bei 57 km zu. Als gestrichelte Linie wurde deshalb ein Verlauf der Verzögerung eingezeichnet, wie er zu erwarten wäre, wenn die Massenabgabe stetig erfolgt und das Meteor in den tieferen Atmosphärenschichten die gleiche Endmasse erreicht. Die punktierte Linie wird weiter unten zu besprechen sein.

Die heliozentrische Bahn ist typisch asteroidal mit großer Exzentrizität (a = 2.5 AE, $i = 0^{o}11'$, e = 0.73). Wir können deshalb mit hoher Wahrscheinlichkeit einen kompakten Meteorkörper voraussetzen.

In Abbildung 13 ist der gemessene Helligkeitsverlauf im "visuellen" Harvardsystem bezogen auf die Standardentfernung 100 km eingezeichnet. Die Lichtkurve zeigt starke Helligkeitsausbrüche, die wir im folgenden unberücksichtigt lassen müssen. Nur der allgemeine Verlauf ist hier von Interesse. Außerdem enthält die Abbildung 13 den Helligkeitsverlauf einiger Emissionslinien. Es fällt auf, daß die ionisierte Linie (CaII) zuerst schwächer als die neutralen Linien ist, unterhalb von 63 km Höhe jedoch deren Intensität übersteigt. (Zwischen 63 und 68 km Höhe ist das Meteorspektrum durch ein Sternspektrum überdeckt.)

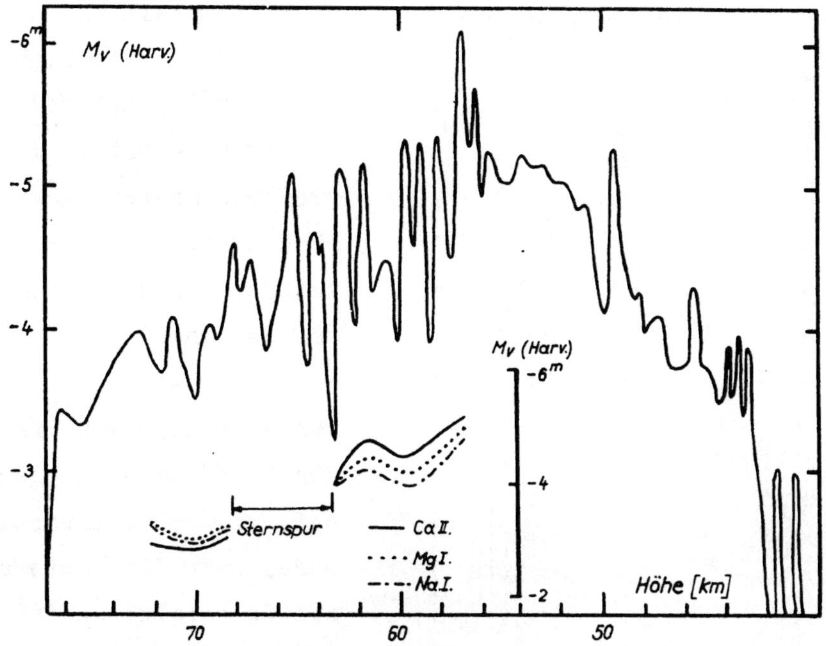

Abbildung 13

Das Spektrum dieses Meteors besteht im wesentlichen aus den Emissionslinien von CaI, CaII, MgI, MgII und NaI. Die kontinuierliche Emission ist schwach. Im ganzen zeigt es viel Ähnlichkeit mit Spektren von Meteoren hoher geozentrischer Geschwindigkeit, die in größeren Höhen aufleuchten. Aus einer in der Originalarbeit wiedergegebenen Registrierung des Spektrums in 57 km Höhe wurden die Intensitäten der einzelnen Emissionen abgeschätzt. Die Farbempfindlichkeit der Platte (Agfa ISS) wurde nach der von CEPLECHA u.a. angegebenen Empfindlichkeitskurve berücksichtigt. Tabelle V enthält die Intensitäten in willkürlichen Einheiten.

Tabelle V

	λ [Å]	J
CaII	3950	13.9
CaI	4227	4.76
MgII	4481	5.96
MgI	5175	12.9
NaI	5893	10.3

Es ist schwierig abzuschätzen, ob sich das Meteor bereits im Feuerkugelstadium befindet, da die Größe des Meteorkörpers aus den Beobachtungen nicht unmittelbar hervorgeht. Einige ungefähre Angaben müssen hier zunächst genügen. Von verschiedenen Autoren sind Abschätzungen vorgenommen worden, welche Masse einem Meteor von einer bestimmten Helligkeit zugeordnet werden muß. Die Angaben sind sehr widerspruchsvoll (siehe z.B. die Zusammenstellung bei LEWIN [24]). Nach WATSON [25] und LOVELL [26] besteht zwischen dem Radius R_b des Meteorkörpers und der visuellen Helligkeit M_v die Beziehung

$$\log R_b = -0.7 - 0.133\, M_v \quad (R_b \text{ in cm})$$

Nach WHIPPLE [27] besteht zwischen der Meteormasse m und der Helligkeit die Beziehung

$$\log m = -0.1 - 0.4\, M_v$$

Nehmen wir für das vorliegende Meteor die Helligkeit $M_v \approx -5^m$ und eine Dichte des Meteorkörpers von 5 g cm^{-3} an, so ergeben beide Gleichungen für den Radius R_b die Größenordnung 1 cm. Das Wertetripel λ_∞, R_b = 1 cm und V_∞ wurde entsprechend der Höhe in Abbildung 10 eingezeichnet (kurzes Kurvenstück). Es beginnt bei der Geschwindigkeit V_∞= 22 km/s in der Höhe 70 km und endet bei 12 km/s in der Höhe 44 km. Die Lage dieses Kurvenstücks zeigt deutlich, daß sich das Meteor während der Beobachtung bereits im Feuerkugelstadium befand. Wir können daher beim Versuch, die Beobachtung physikalisch zu deuten, die im ersten Teil entwickelten Vorstellungen heranziehen.

V. Die Masse des Meteorkörpers

1. Dynamische Massenbestimmung

Die Masse des Meteorkörpers läßt sich "dynamisch" aus dem Vergleich des theoretischen Widerstandsgesetzes (22) mit der beobachteten Verzögerung bestimmen. Hierzu müssen wir allerdings einen kugelförmigen Meteorkörper mit bekannter Dichte voraussetzen. Dann folgt aus Gl.(22):

$$\frac{dV_\infty}{dt} = -\frac{1}{2m}\,\varrho_\infty V_\infty^2 \pi R_b^2 = -\frac{3}{8\varrho_M R_b}\,\varrho_\infty V_\infty^2 \qquad (45)$$

Wir nehmen hier an, daß $\varrho_M = 5$ g cm^{-3} ist. Da in der Gleichung außer R_b alle anderen Größen aus der Beobachtung bekannt sind, läßt sich der Radius berechnen. In der Abbildung 12 wurden als punktierte Kurve die nach Gleichung (45) mit R_b = konst. = 1 cm gerechneten Werte von $\frac{dV_\infty}{dt}$ eingezeichnet. Aus der Differenz der beobachteten und berechneten Kurve wurde R_b ermittelt. (Es ist ein Zufall, daß am Anfang beide Kurven zusammenfallen und der Meteorkörper den Anfangsradius 1 cm besitzt. Der Wert des Radius R_b hängt natürlich von der Wahl des Wertes für die Dichte ϱ_M ab.) Abbildung 14 zeigt den Verlauf des Radius (obere Kurve) und der Masse (untere Kurve) als Funktion der Höhe. Als gestrichelte Kurve wurde hier wiederum ier hypothetische stetige Masseverlust

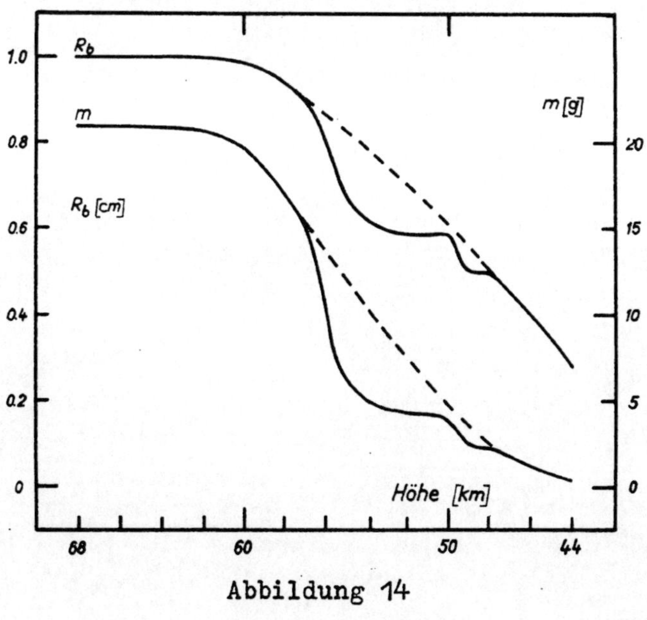

Abbildung 14

dargestellt, wie er ohne plötzliche Helligkeitsausbrüche zu erwarten wäre (entsprechend der gestrichelten Kurve in Abb. 12). Die beiden Helligkeitsausbrüche in der Lichtkurve bei 57 und 49 km spiegeln sich hier deutlich in der raschen Verminderung des Radius bzw. der Masse wider. Offenbar wird dabei ein größerer Teil der flüssigen Schmelzrinde während einer günstigen Orientierung des Meteorkörpers abgeblasen. Hierauf bleibt der Radius nahezu konstant, weil die Oberfläche einige Zeit benötigt, um wieder bis zur Schmelztemperatur erwärmt zu werden.

Die Anfangsmasse errechnet sich mit der angenommenen Dichte des Meteorkörpers zu m_{∞} = 22 g, die "beobachtete" Endmasse bei 44 km Höhe zu $m_E \approx 1/2$ g.

2. Masseverlust und Verdampfungszahl

Aus dem Verlauf des Radius und der Masse wurden die zeitliche Radienänderung $\frac{dR_b}{dt}$ und die "Verdampfungsintensität" $\frac{dm}{dt}$ berechnet. (Der letzte Begriff soll auch den sekündlichen Masseverlust enthalten, der durch Abschmelzen erfolgt.) Die Ergebnisse (Abbildung 15) können in den Details nur ein qualitatives Bild vermitteln, da sich die Unsicherheit der Radienbestimmung aus der beobachteten Verzögerung in der zeitlichen Ableitung stark bemerkbar macht. Aus diesen Kurven können wir jedoch Aufschlüsse über die Größe der Ver-

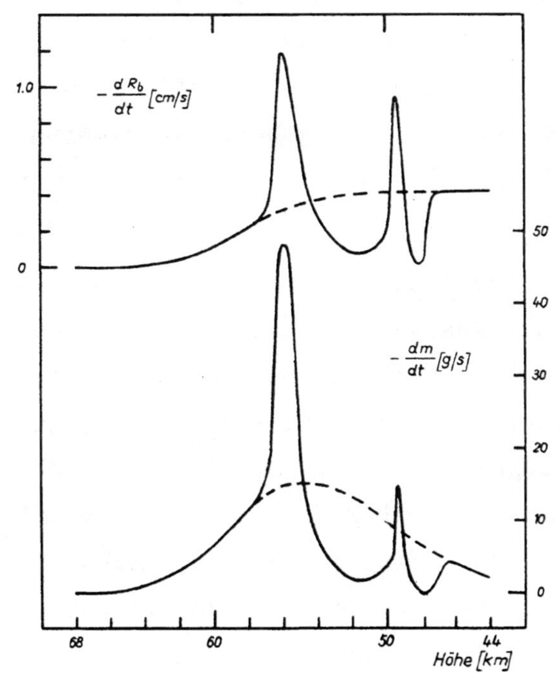

Abbildung 15

dampfungszahl Λ erhalten. Aus der Gleichung für den Masseverlust

$$\frac{dm}{dt} = -\Lambda \frac{\pi R_b^2 \varrho_\infty V_\infty^3}{2\,Q} \tag{46}$$

ergibt sich, wenn man statt der Verdampfungsintensität die Größe $\frac{dR_b}{dt}$ einführt:

$$\Lambda = -8\,\varrho_M\,Q\,\frac{1}{\varrho_\infty V_\infty^3} \cdot \frac{dR_b}{dt}$$

Q bedeutet hier die Enthalpie, die benötigt wird, um ein Gramm der meteoritischen Substanz zum Schmelzen bzw. Verdampfen zu bringen. Um Λ zu berechnen, wurde die "glatte" hypothetische Kurve für die Radienänderung benutzt und für Q der von ÖPIK [28] angegebene Wert: $8 \cdot 10^{10}$ erg g^{-1} gewählt.

Da Λ proportional Q ist, hängt der Wert der Verdampfungszahl stark von der Wahl der Größe Q ab. ÖPIK berechnete die Enthalpie Q mit der Annahme, daß die meteoritische Substanz verdampft. Erfolgt jedoch der Masseverlust, wie auf Seite 21 angedeutet, im wesentlichen durch den Abschmelzprozeß, so ist ein kleinerer Wert von Q zu wählen. Wenn wir daher Λ mit der von ÖPIK angegebenen Verdampfungsenthalpie berechnen, so müssen die Ergebnisse als o b e r e Grenze für Λ angesehen werden.

Im Mittel ergibt sich aus dem vorliegenden Beobachtungsbefund $\Lambda = 0.2$. Im Sternschnuppenstadium erwartet man bei Meteoren größere Verdampfungszahlen. Bei vollkommen unelastischen Stößen der Luftpartikel direkt mit der Meteoritenoberfläche wird nämlich ein merklicher Bruchteil der kinetischen Energie dazu dienen, die Oberflächenschicht zu verdampfen, da die Energie im allgemeinen größer ist als die Gitterenergie der Meteoritenatome. Dagegen kann im Feuerkugelstadium die Luft nicht mehr unmittelbar mit der Körperoberfläche reagieren. Ein größerer Bruchteil der Energie wird deshalb mit der erhitzten Luft durch den Expansionsschlauch entweichen, bevor es zu einer intensiven Wechselwirkung mit der Oberfläche kommt. Das führt

Tabelle VI

Höhe [km]	Λ
68	0.00
63	.04
60	.11
57	.19
55	.21
52	.21
50	.21
48	.21
46	.22
44	0.32

zu kleineren Verdampfungszahlen. Da jedoch in diesem Stadium die Dichte in der Kompressionskappe den Energietransport bestimmt, werden die Verhältnisse verwickelt. Es wird sich zeigen, daß der Bruchteil der abgeführten Energie nicht "direkt proportional" davon abhängt, wie tief der Meteorkörper in das Feuerkugelstadium "eingedrungen" ist. Λ hängt nämlich deutlich von der Höhe ab (Tabelle VI). Da offensichtlich zwischen der Höhe und der Verdampfungszahl kein unmittelbarer physikalischer Zusammenhang besteht, wurde Λ als Funktion des Druckes bzw. der mittleren freien Weglänge in der Kompressionszone dargestellt. Abbildung 16 zeigt beide Darstellungsarten. Λ steigt danach linear mit wachsendem Druck bzw. mit kleiner werdender mittlerer freier Weglänge. In der Beziehung $\Lambda = f(\lambda_s)$ fügt sich der Wert $\Lambda = 0.32$ besser in den Verlauf ein; in der anderen Darstellungsweise fällt er heraus, weil der Druck p_s bei 44 km Höhe wieder kleiner wird.

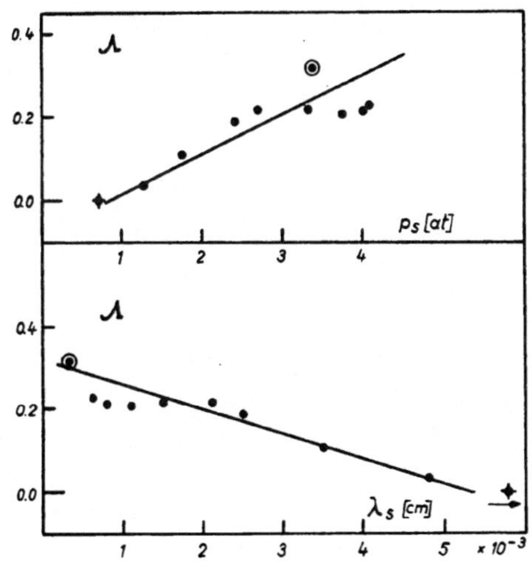

Abbildung 16

Der hier gefundene Zusammenhang zwischen der Verdampfungszahl und dem Druck bzw. der mittleren freien Weglänge im komprimierten Gas kann ebenfalls aus dem Strömungsbild des Feuerkugelstadiums interpretiert werden: Der Wärmeübergang von der aufgeheizten Kompressionskappe zum Körper ist um so w i r k s a m e r je dichter das Gas ist. Bei starker V e r d ü n n u n g wird nicht nur entsprechend ρ_∞ in Gl.(46) ein geringerer Wärmeinhalt in der Kompressionszone vorhanden sein, sondern darüber hinaus kann ein großer Teil dieser Wärmekapazität mit dem Gas durch den Expansionsschlauch entweichen, bevor es wegen der relativ großen mittleren freien Weglänge zu einer starken Übertragung der Energie auf den Körper kommt. Erst wenn die mittlere freie Weglänge so groß geworden ist, daß die Molekularströmung des Sternschnuppenstadiums einsetzt, muß Λ wieder ansteigen. Bei k l e i n e r mittlerer freier Weglänge ist offensichtlich das Verhältnis der zum Körper übertragenen Energie zu der ungenutzt abgeführten Energie für den Verdampfungsprozeß günstiger.

Die aus Abbildung 16 eben gezogenen Schlußfolgerungen müssen allerdings mit Vorbehalt ausgesprochen werden, denn sie stützen sich im wesentlichen nur auf drei Punkte.

VI. Berechnung der Linienstärken

1. Thermodynamische Zustandsgrößen in der Kompressionskappe

Zur Berechnung der beobachteten Linienstärken benötigen wir die Zustandsgrößen, wie Temperatur, Gasdruck und Elektronendruck in der Kompressionskappe. Wie bereits in Kapitel II ausgeführt, stößt dies insofern auf Schwierigkeiten, als kein thermisches Gleichgewicht in der Kompressionszone als Ganzes vorausgesetzt werden kann. Nur in der Nähe des Stirnpunktes können wir in einem kleinen Bereich konstante thermodynamische Zustände annehmen. Wir wollen deshalb nur die "Stauwerte" zur weiteren Analyse heranziehen.

Aus der Geschwindigkeit und dem Atmosphärendruck wurden für einige Höhen der Staudruck und die Stautemperatur ermittelt. Tabelle VII enthält diese Größen mit einigen anderen wichtigen Parametern. (Die Tabelle ist entsprechend dem Beobachtungsmaterial zweigeteilt, da unterhalb von 57 km Höhe kein Spektrum, sondern nur das integrale Licht auf einer Überwachungsplatte ohne Objektivprisma beobachtet wurde.)

Tabelle VII

Höhe [km]	ϱ_∞ [g/cm^3]	V_∞ [km/s]	h_s [cal/g]	p_s [at]	T [°K]
72	$9.0 \cdot 10^{-8}$	21.9	$5.76 \cdot 10^4$	$4.4 \cdot 10^{-1}$	56 200
70	$1.1 \cdot 10^{-7}$	21.8	5.70	5.3	56 200
68	1.4	21.7	5.65	7.0	56 500
63	2.8	21.3	5.46	$1.3 \cdot 10^0$	59 500
60	3.9	21.0	5.28	1.8	62 000
57	5.5	20.5	5.04	2.4	62 200
55	6.7	19.9	4.75	2.7	60 500
52	9.2	18.8	4.27	3.3	56 100
50	$1.2 \cdot 10^{-6}$	17.8	3.84	3.7	51 400
48	1.4	16.5	3.24	4.0	44 000
46	1.8	14.7	2.59	4.1	36 300
44	2.2	12.0	1.75	3.4	16 600

Die letzte Spalte dieser Tabelle zeigt ein überraschendes Ergebnis: Trotz abnehmender Geschwindigkeit und abnehmender Enthalpie pro Masseneinheit in der Kompressionszone steigt die Temperatur zunächst an. Dies hängt mit der Druckabhängigkeit der Enthalpie-Temperatur-Beziehung zusammen. Erst unterhalb von 57 km Höhe fällt die Temperatur wieder, weil der wachsende Druck nicht mehr in der Lage ist, den rascheren Abfall der Enthalpie zu kompensieren. Aus dem Verhalten der Temperatur kann bereits hier qualitativ der Schluß gezogen werden, daß - im Einklang mit der Beobachtung - die Intensität der ionisierten Linie stärker ansteigen muß als die Intensitäten der neutralen Linien.

Um auch quantitativ die Verhältnisse näher untersuchen zu können, benötigen wir noch den Elektronendruck in der Kompressionszone. Hierzu müssen wir annehmen, daß der überwiegende Teil der freien Elektronen vom ionisierten Luftgemisch herrührt, da wir den Beitrag von den verdampften und ionisierten Elementen des Meteorkörpers nicht kennen. Der Elektronendruck des Luftgemisches liegt während der ganzen beobachteten Bahn, abgesehen von den tiefsten Bahnpunkten, bei einem Wert von $p_e = 0.5$ at.

2. Das Verhältnis der Linienstärken der identifizierten Linien

Da wir die Zahl der emittierenden Atome bzw. Ione nicht kennen, ist es zunächst nicht möglich, die Intensität der Linien absolut zu berechnen. Wir können jedoch das beobachtete Intensitätsverhältnis verschiedener Linien ein und desselben Elements bzw. verschiedener Elemente berechnen, ohne zusätzliche Hypothesen einzuführen. Wir wollen nur für den Versuch voraussetzen, daß die Emission in einer optisch dünnen Schicht erfolgt. Dann ist die pro Sekunde beim Übergang des Atoms vom Zustand m in den Zustand n emittierte Energie der monochromatischen Strahlung (siehe z.B. UNSÖLD [20]):

$$J = \text{const} \cdot \left(1 + \frac{1}{e^{\frac{h\nu}{kT}} - 1}\right) \frac{1}{\lambda^3} \cdot \frac{g_n}{g_m} \cdot f_{abs}\, N_m^{(r)} \qquad (47)$$

Der Bruch in der Klammer rührt von der induzierten Emission her, die in unserem Fall wegen der hohen Temperatur nicht vernachlässigt werden kann. λ ist die Wellenlänge der Linie, g_n und g_m bedeuten die statistischen Gewichte der Zustände n bzw. m, f_{abs} ist die Oszillatorenstärke (f_{mn}) und $N_m^{(r)}$ die Zahl der r-fach ionisierten Atome im Zustand m. Wir beobachten nur die Linien des einfach ionisierten und des neutralen Elements (r = 0 und 1).

Nach der Boltzmannschen Formel ist

$$N_m^{(r)} = N^{(r)} \cdot \frac{g_m}{U^{(r)}} \cdot e^{-\frac{\chi_m}{kT}} \tag{48}$$

Aus der Saha-Gleichung bekommt man (siehe Gl.(27)):

$$N^{(1)} = N^{(o)} \, S \, \frac{kT}{P_e}$$

Führen wir die Gesamtzahl N der Atome und Ionen eines Elementes und den Ionisationsgrad α ein, so erhalten wir die folgenden Beziehungen:

$$N^{(1)} = \alpha N \qquad N^{(o)} = (1 - \alpha) \cdot N$$

$$N_m^{(1)} = \alpha N \cdot \frac{g_m}{U^{(1)}} \cdot e^{-\frac{\chi_m}{kT}} \qquad N_m^{(o)} = (1 - \alpha) \cdot N \cdot \frac{g_m}{U^{(o)}} \cdot e^{-\frac{\chi_m}{kT}}$$

Zur Abkürzung setzen wir noch:

$$1 + \frac{1}{e^{\frac{h\nu}{kT}} - 1} = A$$

$$\frac{g_n f_{abs}}{\lambda^3 \cdot U^{(r)}} = B$$

Führen wir diese Ausdrücke und den Ionisationsgrad α in die Gleichung (47) ein und gehen wir zu Größenklassen über, so erhalten wir (bis auf einen willkürlichen Nullpunkt) für die ionisierten Linien:

$$M\,II = -2.5 \log J\,II = \text{const} - 2.5 \log\left[AB\,\alpha\, e^{-\frac{\chi_m}{kT}}\right] - 2.5 \log N \tag{49a}$$

und für die neutralen Linien

$$M\,I = -2.5 \log JI = \text{const} - 2.5 \log\left[AB(1-\alpha)\, e^{-\frac{\chi_m}{kT}}\right] - 2.5 \log N \quad (49b)$$

Aus diesen Gleichungen können wir die Größenklassendifferenz zweier Linien berechnen.

Die Größe A zeigt eine schwache Abhängigkeit von der Wellenlänge und der Temperatur in unserem Bereich, während B recht unterschiedliche Werte annehmen kann. Deshalb wurden beide Größen hier getrennt.

In der Tabelle VIII sind die notwendigen Konstanten dieser Gleichungen zusammengestellt. Alle temperaturabhängigen Größen beziehen sich auf eine Temperatur von $T = 6 \cdot 10^4$ °K. Das Produkt der Oszillatorenstärke mit dem statistischen Gewicht des Endzustands sowie die Anregungsspannungen wurden von ALLEN [7] übernommen. Für die Zustandssumme konnte nur bei MgI und MgII das statistische Gewicht des Grundzustandes benutzt werden, in den anderen Fällen wurden auch höhere Terme berücksichtigt. Zur Berechnung der Zustandssumme dienten die Termtabellen von BACKER und GOUDSMIT [29].

Tabelle VIII

Element	λ[Å]	$g_n f_{abs}$	χ_m[eV]	U	A	B[cm^{-3}]
CaII	3934 3968	2.0	3	13	2.2	$2.46 \cdot 10^{12}$
CaI	4227	1.6	3	23	2.3	$9.15 \cdot 10^{11}$
MgII	4481	9.5	11.6	2	2.5	$5.28 \cdot 10^{13}$
MgI	5167 5173 5184	1.2	5.1	1	2.7	$8.70 \cdot 10^{14}$
NaI	5890 5896	1.96	2	26	3.0	$3.62 \cdot 10^{13}$

Wir berechnen zunächst das Verhältnis $\frac{CaII}{Na\,I}$ und $\frac{MgI}{NaI}$ als Funktion der Höhe von 72 km bis 57 km, um einen Vergleich mit dem beobachteten Verlauf zu gewinnen. Nach den Gleichungen (49) wird die Änderung dieses Intensitätsverhältnisses längs der Bahn im wesentlichen durch die Änderung des Ionisationsgrades bestimmt. Das Verhältnis $\frac{(AB)_2}{(AB)_1}$ bleibt wegen der schwachen Temperaturabhängigkeit in diesem Höhenbereich konstant. Lediglich die Exponentialfunktion in den Gleichungen (49), die von der Boltzmann-Formel herrührt, ergibt noch einen geringen temperaturabhängigen Beitrag. Der Verlauf des Ionisationsgrades α ist für die drei Elemente in Tabelle IX zusammengestellt. Die ebenfalls in dieser Tabelle angegebenen Größenklassendifferenzen sind aus dem Ionisationsgrad und dem Boltzmann-Faktor berechnet und entsprechen daher nur bis auf eine Konstante dem beobachteten Verlauf.

Tabelle IX

Höhe [km]	α_{Ca}	α_{Na}	α_{Mg}	$\Delta M_R(\frac{CaII}{Na\,I})$	$\Delta M_R(\frac{MgI}{NaI})$
72	0.590	0.118	0.808	$0^m_.66$	$2^m_.35$
70	0.590	0.118	0.808	0.66	2.35
68	0.594	0.120	0.809	0.65	2.34
63	0.640	0.140	0.840	0.53	2.48
60	0.674	0.157	0.861	0.45	2.59
57	0.678	0.162	0.863	0.43	2.60

Die gerechneten Helligkeitsdifferenzen wurden gezeichnet und durch Verschieben mit den aus der Beobachtung nach Abbildung 13 ermittelten Differenzen zur Deckung gebracht. Aus der Größe der Verschiebung folgt der Wert der Konstanten. Bezeichnen wir mit ΔM_R die in Tabelle IX errechneten Differenzen, so ergibt die graphische Ausgleichung

$$\text{für } \frac{CaII}{Na\,I}: \qquad \Delta M_{Beob} = \Delta M_R - 0^m_.60$$

$$\text{für } \frac{Mg\,I}{Na\,I}: \qquad \Delta M_{Beob} = \Delta M_R - 2^m_.62 \qquad (50)$$

Die Güte der Darstellung der beobachteten Helligkeitsunterschiede (ausgezogene Kurve) durch die Rechnung (gestrichelte Kurve) kann aus Abbildung 17 entnommen werden. Hierbei muß beachtet werden, daß eine strenge Übereinstimmung nicht zu erwarten war. Hierfür sind mehrere Gründe maßgebend:

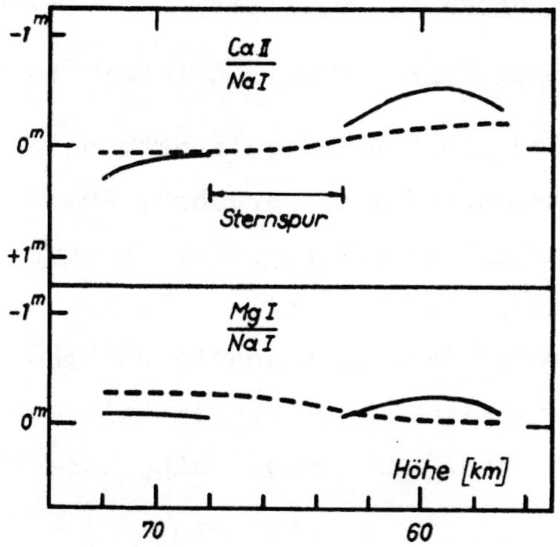

Abbildung 17

1) Unser stark vereinfachtes Bild vom Strömungsvorgang um den kugelförmig angenommenen Meteorkörper erfaßt nicht die komplizierten sekundären Erscheinungen, die sich in dem starken Lichtwechsel (Abb.13) äußern und auf einen unregelmäßigen Verdampfungsprozeß schließen lassen.

2) Da die Anregung der Atome durch Stoß erfolgt, hängt die Zahl der emittierenden Atome davon ab, wie weit sich das thermische Gleichgewicht bereits lokal eingestellt hat. Ist das nicht der Fall, dann hängt die Zahl der emittierenden Atome zusätzlich von der Relaxationszeit bzw. vom Stoßquerschnitt für den entsprechenden Anregungs- und Ionisationsprozeß ab. Da wir vorausgesetzt haben, daß sich die verdampften Meteoritenatome im thermischen Gleichgewicht mit der aufgeheizten Luft in der Kompressionszone befinden und daß außerdem die Stautemperatur ein Maß für die Anregungszustände ist, können die eben erwähnten Effekte hier nicht berücksichtigt sein.

3) Die Annahme, daß die Emission in einer optisch dünnen Schicht erfolgt, ist möglicherweise eine sehr grobe Näherung.

4) Eine exakte Photometrie der photographischen Aufnahme ist schwierig. Es sei hier nur darauf hingewiesen, daß die Schwärzungskurve nicht nur von der Belichtungszeit (Schwarzschildexponent), sondern auch von der Wellenlänge abhängt. Nach den Angaben von CEPLECHA wurde die Schwärzungskurve für die Spektralplatte aus

drei Anhaltsternen und nur für das Spektralgebiet um 6000 Å konstruiert. Aus diesen Gründen sind Fehler in den angegebenen Helligkeiten um $0^m\!.1$, die sich bei den Helligkeitsdifferenzen noch verdoppeln können, durchaus möglich.

Wir sind daher geneigt, die Darstellung der Beobachtung durch die Rechnung als befriedigend anzusehen. Dafür spricht aber auch noch ein anderes Argument: Bei der Rechnung wurden lediglich die sehr genau beobachteten Geschwindigkeit und Höhe benutzt. Weitere Größen waren damit streng festgelegt und keine freien Parameter mehr verfügbar. Wenn es dann gelang - im wesentlichen mit Hilfe der Saha-Gleichung über den Ionisationsgrad - , den Verlauf der Intensitätsverhältnisse einigermaßen quantitativ zu erklären, so spricht dies für die Anwendbarkeit der gasdynamischen Vorstellung.

Wir können aus den Konstanten der Gleichung (50) mit Hilfe der Größen in Tabelle VIII nach den Gleichungen (49) das Verhältnis der Atomzahlen berechnen. Es ergibt sich für Kalzium : Natrium = 35 und für Magnesium : Natrium = 0.51.

Nach HEIDE [11] und KRINOW [30] ist dieses Häufigkeitsverhältnis für Magnesium zu klein. Nur in Eisenmeteoriten kann offenbar dieses Element geringer vertreten sein als Kalzium, jedoch nicht in diesem Maße. Wir könnten das Zahlenverhältnis noch korrigieren, wenn wir den Elektronendruck etwas verändern. Verringern wir nämlich den Elektronendruck von 0.5 at auf 0.1 at, so ändert sich das Verhältnis von Kalzium zu Natrium auf die Hälfte, während die Häufigkeit von Magnesium gegenüber Natrium um den Faktor 3 steigt und damit den beobachteten Werten an Nickeleisenmeteoriten näherkommt. Der Verlauf der Linienstärken in Abb. 17 bleibt davon unberührt. Die Diskrepanz zwischen der berechneten und der beobachteten Häufigkeit soll hier nicht weiter untersucht werden. Im übrigen gelten auch hier die oben unter 2), 3) und 4) getroffenen Vorbehalte.

Die Linienstärken verschiedener Linien des gleichen Elementes berechnen wir ebenfalls aus den Gleichungen (49). Hierbei fallen die Glieder mit den Atomzahlen fort. Wir erhalten die in Tabelle X zusammengestellten Intensitätsverhältnisse. Dort wurden außerdem die Verhältnisse zwischen den neutralen und zwischen den ionisierten Linien des Kalziums und Magnesiums angegeben. Diese Werte sind nicht unabhängig von den vorhergehenden, da sie bereits das oben angegebene Intensitätsverhältnis zwischen CaII und MgI (über NaI) enthalten. Im großen und ganzen zeigt die Tabelle eine größenordnungsmäßig befriedigende Übereinstimmung zwischen den beobachteten und berechneten Größen. Eine bessere Interpretation wird vielleicht möglich sein, wenn die Abweichungen vom thermischen Gleichgewicht berücksichtigt werden können.

Tabelle X

	$\frac{\text{CaII}}{\text{Ca I}}$	$\frac{\text{MgII}}{\text{Mg I}}$	$\frac{\text{Ca I}}{\text{Mg I}}$	$\frac{\text{CaII}}{\text{MgII}}$
Beob.	2.9	0.46	0.37	2.3
Rechn.	5.4	0.10	0.22	11

3. Die Lichtkurve

Da die kontinuierliche Emission nur einen schwachen Beitrag zur beobachteten Helligkeit liefert, muß die integrale Lichtkurve durch die Stärke der Emissionslinien bestimmt sein. Wir können daher versuchen, aus dem Intensitätsverlauf der Emissionslinien die beobachtete Lichtkurve zu interpretieren. In den Gleichungen (49) ist allerdings die Zahl N der Atome unbekannt. Wir können sie nicht aus der in Kapitel V,2 abgeleiteten Verdampfungsintensität bestimmen, da zwischen diesen beiden Größen kein unmittelbarer Zusammenhang besteht. Wir nehmen vielmehr an, daß die Zahl der in der Kompressionskappe befindlichen Atome, die zum Leuchtprozeß beitragen, proportional der Dichte bzw. dem Druck in der Kompressionskappe und einer Potenz des Radius des Meteorkörpers ist:

$$N \sim p_s \cdot R_b^n \qquad (51)$$

Da im Höhenbereich von 72 bis 57 km der Radius nahezu konstant bleibt, muß dort nach Gl.(51) die Intensität der Emissionslinien nur proportional dem Staudruck sein. Wie die Abbildung 18 zeigt, ist dieser Zusammenhang sehr gut erfüllt. Es war nur nötig, den Zusammenhang für eine der Emissionslinien nachzuprüfen. Die anderen Kurven ergeben sich sofort aus den Gl.(50). Für die Emission des ionisierten Kalziums wurde die folgende Größe errechnet (R_b = const = 1 cm):

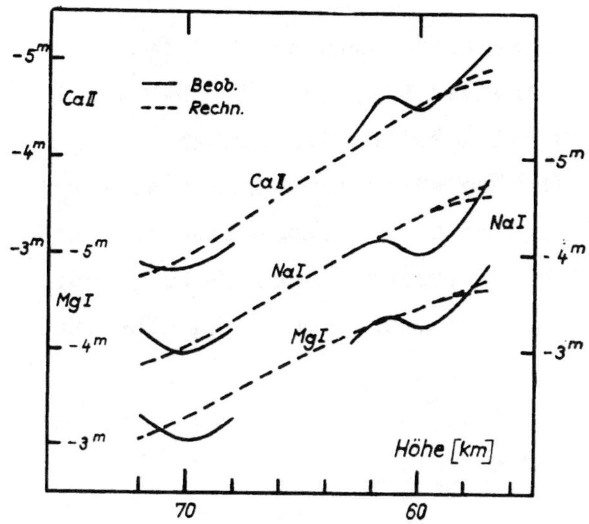

Abbildung 18

$$M_R = - 2.5 \log \left[AB \alpha e^{-\frac{\chi_m}{kT}} \cdot p_s R_b^n\right] \qquad (52)$$

Durch Verschieben wurde diese rechnerische Größe mit der beobachteten Helligkeit zur Deckung gebracht. Setzt man alle Werte in Gleichung (52) in cgs-Einheiten ein, so findet man den folgenden Zusammenhang zwischen beobachteter und berechneter Helligkeit:

$$M_{Beob} = M_R + 41\overset{m}{.}87 \qquad (CaII) \qquad (53)$$

Die Rechnung kann natürlich nur den allgemeinen Verlauf wiedergeben und die überlagerten Schwankungen nicht erklären.

In Abbildung 18 wurde unterhalb von 60 km Höhe durch die etwas tiefer verlaufende Kurve die Veränderlichkeit des Radius bereits berücksichtigt. Hierzu mußte die Größe des Exponenten n bekannt sein. Wir finden sie durch folgende Überlegung: Die integrale Lichtkurve wird genähert durch den Verlauf der stärksten Emissionslinien, für die auch die spektrale Empfindlichkeit der ISS-Platte groß ist, gegeben sein. Diese Bedingung erfüllen am besten die H- und K-Linie des ionisierten Kalziums. Nach einigen Versuchen wurde $n \approx 1$ gefunden.

Mit diesem Wert wurden die Stärken sämtlicher in Tabelle VIII aufgeführten Linien nach den Gleichungen (49) und (51) berechnet, wobei die beobachteten relativen Helligkeiten der Linien von MgII und CaI aus dem Spektrum in 57 km Höhe entnommen wurden (s. Tabelle X), um die Helligkeiten aufeinander zu beziehen. Außerdem wurde durch Gleichung (53) der Nullpunkt festgelegt. Abb. 19 zeigt das Ergebnis dieser Berechnung. Während unterhalb von 57 km Höhe sämt-

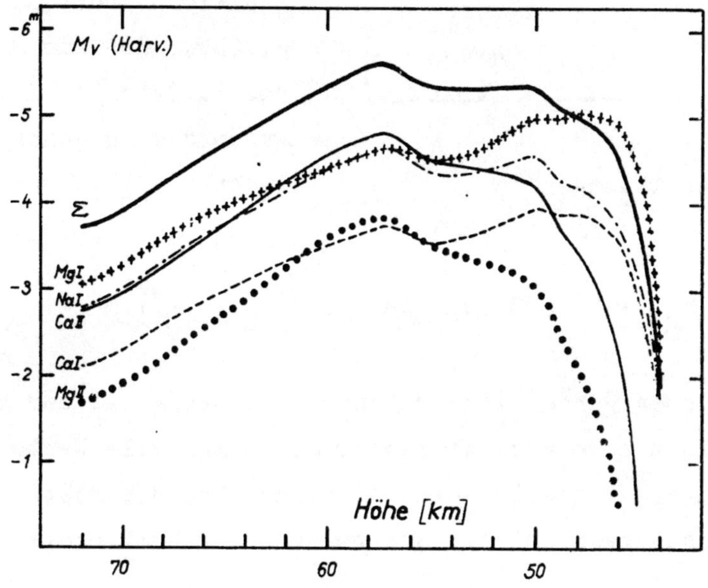

Abbildung 19

liche ionisierten Linien entsprechend der abnehmenden Temperatur abfallen, steigt die Helligkeit der neutralen Linien trotz abnehmender Zahl der Atome ($N \sim R_b$) weiterhin an. Der Verlauf der Kurven unterhalb von 46 km Höhe kann nicht mehr genau verbürgt werden, weil der Radius nur unsicher aus der beobachteten Verzögerung zu bestimmen ist. (Abbildung 12 zeigt in diesem Bereich bereits große Fehler.) Außerdem weicht dort der Elektronendruck sicher vom angenommenen Wert stärker ab.

Die integrale Helligkeit setzt sich aus den eben abgeleiteten Emissionen zusammen. Die Intensitäten der Linien wurden daher mit einem Gewichtsfaktor, der durch die spektrale Empfindlichkeit der Photoplatte relativ zu der Empfindlichkeit bei 4000 Å gegeben ist, addiert. Die so erhaltene Gesamthelligkeit ist in Abbildung 19 als dicke Linie Σ dargestellt. Aus dieser Zeichnung geht hervor, daß die integrale Helligkeit nahezu den gleichen Verlauf hat wie die Intensität der CaII-Linien H und K. Wie schon oben erwähnt, liegt dies an der spektralen Empfindlichkeit der Photoplatte und an den Eigenschaften des Meteorspektrums.

Die Gesamthelligkeit mußte noch um die Konstante $0\overset{m}{.}4$ verkleinert werden, um im Höhenbereich von 72 bis 57 km mit der beobachteten integralen Lichtkurve zur Deckung gebracht zu werden. Diese Konstante enthält die unbekannte Normierung der Plattenempfindlichkeit und mußte daher durch Verschieben der errechneten Gesamthelligkeit ermittelt werden. Abb.20 zeigt den Verlauf der beobachteten und der errechneten Lichtkurve. Die Übereinstimmung dürfte im Rahmen der benutzten Modellvorstellung als befriedigend angesehen werden.

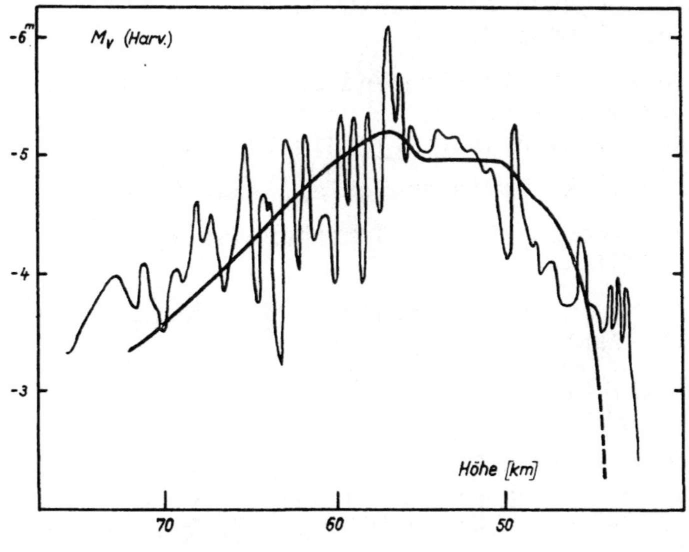

Abbildung 20

Der Verfasser möchte Herrn Prof. Dr. HOPPE und Herrn Prof. Dr. LAMBRECHT für wertvolle Diskussionen bei der Durchführung dieser Untersuchung danken. Die Arbeit ist ein Auszug aus der im Jahre 1963 an der Friedrich-Schiller-Universität Jena angenommenen Dissertation gleichen Titels.

L i t e r a t u r

1 HOFFMEISTER, C., Über das Leuchten der Meteore. AN 269, 109 (1939).

2 EPSTEIN, P.S., On the air resistance of projectile. Proc.Nat.Acad.Scie. 17, 532 (1931).

3 STERNE, T.E., A research on meteors. ApJ 95, 437 (1942).

4 THOMAS, R.N., The ballistic contribution to meteorics. Harv.Repr. Ser. II, 34 (1950).

5 ALLEN, H.J. und K.K. YOSHIKAWA, Luminosity from large meteoric bodies. Smithson.Contr.Astroph. 7, 181 (1963).

6 HAYES, W.D. und R.F. PROBSTEIN, Hypersonic Flow Theory. Acad.Press, New York 1959.

7 ALLEN, C.W., Astroph. Quantities. The Athlone Press, London 1955.

8 DOBROWOLSKI, O.W., Die mit der Bewegung eines Meteorkörpers zusammenhängende Explosionswelle. Bull. SAO 6 (1952).

9 HALLIDAY, I., Diffusion effects observed in the wake spectrum of a Geminid meteor. Smithson.Contr.Astroph. 7, 161 (1963).

10 OSWATITSCH, K., Gasdynamik. Springer-Verlag, Wien 1952.

11 HEIDE, F., Kleine Meteoritenkunde. Springer-Verlag, Berlin 1957.

12 SAUER, R., Einführung in die theoretische Gasdynamik. Springer-Verlag, Berlin 1951.

13 KUTTERER, R.E., Ballistik. Friedr. Vieweg u. Sohn, Braunschweig 1959.

14 COOK, A.F., L.G. JACCHIA und R.E. McCROSKY, Luminous efficiency of iron and stone asteroidal meteors. Smithson.Contr.Astroph. 7, 209 (1963).

15 LANDOLT-BÖRNSTEIN, Zahlenwerte und Funktionen. IV, Teil 1, S. 758. Springer-Verlag, Berlin 1955.

16 BAKER, R.M.L., The transitional aerodynamic drag of meteorites. ApJ 129, 826 (1959).

17 SHKAROFSKY, I.P., T.W. JOHNSTON und M.P. BACHYNSKI, Relaxation phenomena in shock fronts. RCA Victor Research Laboratories, Montreal 1959.

18 MOORE, L.L., A solution of the laminar boundary-layer equations for a compressible fluid with variable properties, including dissociation. Journ.Aeron.Scie. 19, 505 (1952).

19 D'ANS, J. und E. LAX, Taschenbuch für Chemiker und Physiker. Springer-Verlag, Berlin 1943.

20 UNSÖLD, A., Physik der Sternatmosphären, Springer-Verlag, Berlin 1955.

21 WOLKENSTEIN, M.W., Struktur und physikalische Eigenschaften der Moleküle. B.G. Teubner, Leipzig 1960.

22 ADAMS, M.C. und R.F. PROBSTEIN, On the validity of continuum theory for satellite and hypersonic flight problems at high altitudes. Jet Prop. 28, 86 (1958).

23 CEPLECHA, Zd., J. RAJCHL und L. SEHNAL, Complete data on bright meteor 15761. Bull.Astron.Inst.Czechosl. 10, 204 (1959).

24 LEWIN, B.J., Physikalische Theorie d. Meteore und die meteoritische Substanz im Sonnensystem. Akademie-Verlag, Berlin 1961.

25 WATSON, F.G., Between the planets. Harvard Books 1941.

26 LOVELL, A.C.B., Meteor ionization in the upper atmosphere. Jodrell Bank Repr. 1, Nr. 31 (1950).

27 WHIPPLE, F.L., On meteor masses and densities. AJ 57, 28 (1952).

28 ÖPIK, E.A., Researches in the physical theory of meteor phenomena III. Publ.Obs.Astr. Tartu 29, Nr. 5 (1937).

29 BACKER, R.F. und S. GOUDSMIT, Atomic energy states. McGraw-Hill Book Comp., New York 1932.

30 KRINOW, E.L., Meteorsteine, Akademie-Verlag, Moskau 1948 (russ.).

Bezeichnungen

Die folgende Liste enthält alle wichtigen Bezeichnungen mit einem Hinweis auf die Stelle der Arbeit, wo sie zum erstenmal auftreten. Einige Größen wurden mit gleichen Buchstaben benannt. Verwechslungen können nicht vorkommen, da die Bedeutung der Bezeichnungen aus dem Zusammenhang eindeutig hervorgeht (z.B. λ = mittlere freie Weglänge oder Wellenlänge des Lichts). Die Indizes ∞, s, b bezeichnen entsprechend die Größen in der ungestörten Strömung, in der Kompressionskappe und am Körper.

a	Schallgeschwindigkeit
A, B	Abkürzungen, S. 55
c_p	spezifische Wärme bei konst. Druck
c_v	spezifische Wärme bei konst. Volumen
e	innere Energie pro Gramm, S. 19
f_{abs}	Oszillatorenstärke, S. 55
$g_{n,m}$	statistisches Gewicht des n-ten bzw. m-ten Zustands, S.55
h	Enthalpie pro Gramm, S. 13 (Ausnahme: Plancksches Wirkungsquantum)
H	Enthalpie pro Mol, S. 29
H_k	Enthalpieinhalt der Kompressionskappe, S. 35
J	Intensität
k	Boltzmannkonstante
m	Masse des Meteorkörpers (Ausnahme: Elektronenmasse in Saha-Gleichung, S. 27)
M	Helligkeit in Größenklassen
$M_\infty = \frac{V_\infty}{a_\infty}$	Machzahl
n_e	Zahl der Elektronen pro Kubikzentimeter, S. 26
$n_{O,N}^{(r+1)}$	Zahl der (r+1)fach ionisierten Atome pro Kubikzentimeter, S. 26
N	Gesamtzahl der Atome und Ionen pro Kubikzentimeter, S.26
p	Gasdruck
p_o	Druck im Staupunkt, S. 17
p_e	Elektronendruck

$p_{O,N}$	Partialdruck des dissoziierten Sauerstoffs bzw. Stickstoffs, S. 24
p_{O_2,N_2}	Partialdruck des Sauerstoffs bzw. Stickstoffs in molekularer Form, S. 24
r	Ionisationsstufe, S. 26
R	Radius, Abb. 2
$\mathfrak{R}$	Gaskonstante, S. 13
S	Saha-Gleichung, S. 27
t	Breite der Stoßfront, Abb. 1
T	Temperatur
u	Geschw.-Komponente parallel zur Stoßfront, Abb. 3
U	Zustandssumme, S. 27
v	Geschw.-Komponente senkrecht zur Stoßfront, Abb. 3
V	Gesamtgeschwindigkeit, Abb. 3
W	Widerstandskraft, S. 22
$\alpha^{(r)}$	Ionisationsgrad der (r+1)ten Ionisation, S. 26
δ	Grenzschichtdicke, Abb. 1 u. S. 28
Δ	Breite der Kompressionskappe, Abb. 1
$\varepsilon = \frac{\varrho_\infty}{\varrho_s}$	Dichteverhältnis, S. 15
ϑ	Polarwinkel, Abb. 2
$\Theta = \frac{\chi}{k}$	
$\varkappa = \frac{c_p}{c_v}$	
λ	mittlere freie Weglänge und Wellenlänge
Λ	Verdampfungszahl
μ	Molekulargewicht
μ_{at}	atomares Molekulargewicht, S. 26
ϱ	Gasdichte
ϱ_M	Dichte des Meteorkörpers
σ	Neigung der Kopfwelle gegen die Symmetrieachse, Abb. 2
$\chi^{(r)}$	Ionisierungspotential der (r+1)ten Ionisation, S. 27
χ_m	Anregungsenergie des m-ten Zustandes, S. 55

MIX
Papier | Fördert gute Waldnutzung
FSC® C083411

Zeitfracht Medien GmbH
Ferdinand-Jühlke-Straße 7
99095 Erfurt, Deutschland
produktsicherheit@kolibri360.de